JN059182

シリーズ〈文明と平和学〉①

3.11からの平和学

「脱原子力型社会」へ向けて

日本平和学会 編

明石書店

シリーズ「文明と平和学」について

　現在、世界はまさに「文明論的な危機」に直面している。この「危機」の諸相は、このたび本シリーズを企画した日本平和学会が設立された半世紀前（1973年）と比べ、はるかに複雑化し、また顕在化している。平和学は元来、現代の「平和ならざる状態」の深層を探り、平和の諸条件を科学的に探究する使命を帯びているが、人間が自らつくりだした近代文明やテクノロジーそのものがもたらす「暴力」や「危機」についての学問的探求が、現在ほど求められる時はない。

　近代文明の〈光〉がもたらした〈影〉に目を向ける時、今やそれが私たちの「文明」そのものの存続を脅かしている以上、「文明」の原初に立ち還った根源的（ラジカル）な再検討が不可欠となっている。「文明」とは何であるのか。また何であったのか。私たちは現代の「文明論的危機」と対峙する上で、人類がつくりあげてきた前近代、あるいは太古の「文明」から、平和のための幾多の智慧や伝統を掘り起こし、また、「文明」が本来もっていた多様な可能性に光を当て、今後予想される破滅への道を回避するための新たな方途を見いだす必要がある。

　とめどない戦争、人災としての自然災害や疫病、拡大する社会的不正義、ますます凌辱される人間の尊厳や精神など、現代の深刻化する「危機」相互の連関を包括的・構造的に分析し、その克服のためのオルタナティブを構想する平和学の真価が試されている。本シリーズは、このような「文明論的危機」を直視し、未来世代のための新しい社会を切望する読者、そしてこの世界の平和を真に日常的に支える「平和の作り手（ピースメーカー）」に対して、ささやかな知的ヒントを供するために出版される。

　2023年10月

日本平和学会50周年企画「平和と文明」主任

佐々木 寛

はじめに
―3.11 からの平和学―

　災禍はその社会の真の姿を顕在化させるという。東日本大震災に伴う東京電力福島第一原子力発電所事故（以下、「原発事故」という）は、戦後日本が築き上げてきた社会が、その社会によって守られるはずの人々の生存を脅かし、それまで内包されてきた構造的矛盾と脆弱性を露呈する出来事であった。原発を受け入れてから半世紀、見ようとしなければ見えてこない他者にリスクを転嫁し、経済成長によって偏在的にもたらされる利便性と物質的「豊かさ」を享受してきた日本において、そうした社会発展のあり方そのものを根源的に問うものでもあった。

　「復興のシンボル」と報じられた東北・関東を結ぶ常磐自動車道の全線開通（2015 年 3 月）からほどなく、早期帰還支援策を柱にした「福島復興の加速化」が謳われた。どこでどのように生きていくのか、という生の根幹に関わる選択を強いられ続けた被災者は、道路脇に望む美しい自然を、人の営みが途絶えた里山の風景を、どのような思いで受け止めてきたであろうか。

　広域に及んだ放射性物質の拡散は、そこに暮らす人々の日常を一瞬にして破壊し、事故前まであたりまえに折り重ねてきた時間の流れや、その土地を介した人と人、人と自然、人と生き物の間の無数のつながりを断ち切り、自然の循環の中に身を置く暮らしを根こそぎ奪った。2011 年 3 月 11 日に発出された原子力緊急事態宣言は、12 年を経た今なお解除されず、緊急事態の常態化が続く。

　時間の経過と「復興」施策の変遷は、原発事故が生み出した問題をより複雑化させ、被害を増幅させつつある（関・原口，2023）。放射性物質が持つ不確実性を伴う脅威は、生活上のあらゆる選択に影を落とし、個々人の生活領域のみならず社会関係にも派生する被害を生む。「正しい知識」「科学的」といった言説は、その正しさを誰が何によって決めているのかを問わせないまま、異論を「正しくないもの」と思いこませる効果を生み、様々な次元での分断を招き

寄せる。こうした社会状況は、公害の歴史が物語るように、被害者自身による被害非認識を招き、加害側による被害否定とともに、社会の中に被害を潜在化させてゆく（藤川・友澤, 2023）。

「原発事故の克服」という国家の物語を念頭に置く「復興」は、原発事故を過去の出来事へと押しやり、人々が生きていくことの総体に及んだ幾層もの被害を、「風評」として受け止める視座に回収してゆく。このような中にあって、「未来志向」で提示される「復興」や伝承が、いったい何を伝えていないのか、に目を凝らすことは容易ではない。

なぜこれほどまで、被害を被害として認識することが阻まれ、問題を社会的に共有することが困難な状況が生じているのだろうか。

本書は、平和学の視点から、この問いへの応答を試みるものである。3.11 が開示した複雑多岐にわたる問題群に向き合おうとするとき、平和学の視点が思考の助けになると考える理由は、以下の 3 点にある。

まず第一に、核兵器と原子力を架橋する視座を提供することである。

平和学は、東西冷戦構造下における核戦争への脅威の中で誕生した。広島・長崎原爆の開発製造を行った米国のマンハッタン・プロジェクトは、先端科学技術の集約であったと同時に、これらと国家とを結合させた「巨大科学の所産」（坂本, 1999: p.11）であった。米ソ両国間での核兵器開発競争の傍ら、極めて国際政治的文脈において戦略的に打ち出されたのが、核の「軍事利用」と「平和利用」を峻別する二元論である。同じ核エネルギーを利用しながらも、人類の繁栄と豊かさの実現に資するものと評された原子力発電は、1953 年のD. アイゼンハワーの「平和のための原子力（Atoms for Peace）」によって核兵器の対極にあるものというレトリックが施されていく。第 2 次世界大戦の敗戦理由を「西欧列強の科学技術への敗北」と受け止めた日本が、戦後まもなく原発を受け入れた背後には、国民の反核感情を抑え込みながら原発の導入を図るため、日米合作の原子力「平和利用」キャンペーンの強力な展開があったことは、広く知られてきたとおりである。

しかし原発と核兵器は、核分裂反応に依拠する点で地続きであり、一体不可分のものである。この連続性ゆえに、原爆や核実験による被ばく影響は軍事目

的で調査されながら、常に原発の被ばく防護をめぐる議論にも影を落としてきた（若尾・木戸，2021）。これが 3.11 後の日本の対応を深く規定している。

　第二に、中心−周辺など社会構造に根ざした問題を「構造的暴力」として捉え、被害を生む構造を可視化しうる点である。

　平和学においては、戦争などの「他者の行為の直接的結果として人間に危害を及ぼす暴力」を直接的暴力と定義するのに対し、直接的加害者を明確に捉えにくい社会構造下で、人々の権利や尊厳、自由が脅かされる状況を「構造的暴力」と呼ぶ（ガルトゥング，1991）。したがって平和は、単に「戦争の不在」を意味するに留まらず、加害主体が必ずしも明示的ではない差別や抑圧、生存機会の格差、貧困、環境問題といった社会のしくみがもたらす問題の縮減を含みこむものとなる。

　この概念装置によって権力関係など社会・経済的力関係のもとに生じている被害や問題状況を可視化することは、「平和ならざる状態」の縮減へ向けた不可欠のプロセスとなる。とりわけそうした社会構造を歴史的に規定してきたものとして、国内外に広がる植民地主義や、戦後独立した国々への文化的・経済的支配様式として機能する側面をもった国際開発体制下の問題を挙げることができよう。植民地拡張過程でのスローガンであった「文明化の使命」に代わり、戦後「低開発地域」と呼ばれた国の経済発展を牽引した「開発」は、米国覇権下の共産主義封じ込め策として、第三世界を資本主義世界経済の軌道に包摂する意味をもった（森田，1995）。世界市場を介した分業体制下では、国境を越えて創出される周辺（グローバルサウス）にリスクや環境負荷、被害の受忍が転嫁されながら、中心での経済的繁栄が目指されていく。

　原発の燃料となるウランの採掘が途上国や先住民族による被ばく労働に依拠していること、原発関連施設は常に周辺に建設されてきたこと、そして事故対応にあたる被ばく労働者の存在等は、原発を利用する社会が、事故の有無にかかわらず、構造的暴力を成立要件とすることの証左である。そうした経済格差と地域差別とが分かち難く結びついてきた歴史過程こそが、3.11 が顕在化させた日本社会の構造的矛盾の根幹にある。

第三に、こうした「平和ならざる状態」を乗り越えるために、地域や国境を越え、市民や平和を希求する多様な主体との連帯を志向する点である。

　巨大科学としての原発は、国家利益に直結するがゆえに中央集権的支配体制を呼び込み、極めて反民主主義的な政治的風土を生む（ユンク，1989）。そこでは国家的技術と利権、そして専門知が結びつく利益集団が、支配と権力の創出源となる。こうした状況下では、原発事故が生む空間的広がりをもつ被害が、一部地域の問題へと落とし込まれ、被害を被害として認識させない世論の誘導や同調圧力が生じやすい。その過程では、無関心によって人々が無意識のうちに加害構造に加担したり、被害を放置していく状況も起こり得る。構造的暴力を捉える視野の中には、「諸個人の協調した行動が総体として抑圧的構造を支えているために、人間に間接的に危害を及ぼすことになる暴力」（ガルトゥング，1991: p.30）が含まれていることも、それを示唆していよう。

　3.11後の日本においては、国家の意向に沿う人々の声のみを施策の正当化のために利用しながら、そうではない人々の声を切り捨てる「包摂と排除」が繰り返されている。さらには、社会的合意形成の軽視や情報の隠蔽、専門家支配の強化、自治の侵食といった、民主主義が目指す社会とは対極の方向に社会が向かっていると言わざるをえない。

　原発をめぐる問題は、ことエネルギー選択の問題としてありながら、近代技術の象徴である核エネルギー利用が、近代が獲得してきた人権や市民的自由といった価値を脅かし、極めて反民主主義的な支配体制を不可避的に招き寄せるという、近代文明社会の根本的矛盾を表出させているのである。

　このように一人ひとりの生命や権利、尊厳が巨大技術の支配下におかれていく倒錯した状況を生む「原子力型社会」を乗り越えるために、私たちはいかなる〈知〉を構想しうるだろうか。従来の議論における学問的分業や国家主義的議論を越境し、包括的にこの問題を捉える視座を創出しながら、市民との連帯のもとに望ましい社会の実現へ向けた歩みを作り出していくことは、平和学の学問的探究の中心にある。3.11後の被災地内外で、すでに展開されている多様な市民的取り組みに学び、現場の声から教訓を紡ぎ出すこと、そして次世代のために記録を残すこと等は、平和学が果たすべき重要な役割であろう。

本書は、こうした視点を共有し、多様な専門領域から 3.11 に向き合い続ける著者らによって、日本平和学会第 21 期（2014 年）に立ち上げられた 3.11 プロジェクト委員会活動の成果として編まれた。

　折しも 2022 年 2 月からのロシアによるウクライナへの軍事侵攻をはじめ、世界各地で武力紛争が生じている 2023 年は、日本平和学会設立 50 周年にあたる。「将来日本が再び戦争加害者になるべきでないという価値にもとづいた科学的、客観的な平和研究」の発展を目指すという設立趣旨（1973 年）は、なお一層、今日的意義を増していよう。直接的暴力としての武力紛争と同様に人々の安全を脅かし、生存や生活環境への脅威となった原発事故に今後も向き合い続けることは、核の時代に生まれた平和学の使命でもある。

　「合理的な知としての『科学』の文明」（ナンシー，2012）そのものの再考が促されている今日、近代の歴史に深く根差した 3.11 に向き合う作業を通して、未来世代への責任のもとに、近代文明社会を問い直すための視点を読者と共有する機会にできれば幸いである。

日本平和学会第 25 期「3.11」プロジェクト委員長

鳴原　敦子

参考文献

ガルトゥング、ヨハン（高柳先男・塩谷保・酒井由美子訳）（1991）『構造的暴力と平和』中央大学出版部。

坂本義和（1999）「近代としての核時代」坂本義和編『核と人間・Ⅰ――核と対決する 20 世紀』岩波書店。

関礼子・原口弥生編著（2023）『シリーズ環境社会学講座 3　福島原発事故は人びとに何をもたらしたのか』新泉社。

ナンシー、ジャン＝リュック（渡名喜庸哲訳）（2012）『フクシマの後で――破局・技術・民主主義』以文社。

藤川賢・友澤悠季編著（2023）『シリーズ環境社会学講座 1　なぜ公害は続くのか――潜在・散在・長期化する被害』新泉社。

森田桐郎編著（1995）『世界経済論――〈世界システム〉アプローチ』ミネルヴァ書房。

ユンク、ロベルト（山口祐弘訳）（1989）『原子力帝国』社会思想社。

若尾祐司・木戸衛一編著（2021）『核と放射線の現代史――開発・被ばく・抵抗』昭和堂。

目　　次

第 1 部　「3.11」とは何か

第1章　語りにくい原発事故被害
―なぜ被害の可視化が必要なのか―………………… 清水奈名子　14

第2章　3.11 後の復興と〈自然支配〉
―ポスト開発論の視点から― …………………………鴨原敦子　31

第3章　福島県中通りにおける地域住民の闘い
―放射性廃棄物処理問題をめぐって― ………………………藍原寛子　50

第3部　原子力型社会を乗り越える

第 1 部
「3.11」とは何か

第1章
語りにくい原発事故被害
―なぜ被害の可視化が必要なのか―

清水　奈名子

1　はじめに――原発事故被害を語り続けることへの批判について考える

　「なぜ2011年の東京電力福島原子力発電所の事故（以下、東電福島原発事故）から時間が経過しているのにもかかわらず、いまだに原発事故とその被害を語り続ける必要があるのか」という問いを投げかけられたら、どのように答えるだろうか。この問いと関連する問題提起として、原発事故後に被害を記録し、事故の責任を追及してきた人々に対して、「いつまでも原発事故やその被害を訴える人々がいるために、福島は復興できない」といった批判もまた、繰り返し行われてきた。本章では、これらの問いや批判がそもそもなぜ生まれるのかについて考えることを目的としている。本書では原発事故とその被害について多様な分野の研究者が議論を展開しているが、なぜ今改めてこうした作業が必要なのかについて説明しようと試みるのが、この第1章である。

　「原発事故被害を語り続けるべきなのか」という問いを立てる前に、「原発事故被害を語り続けることは難しい」という問題について考えておく必要がある。この本を手にする読者の多くは、原発事故について何らかの関心をもっていると思われるので、読者が自らの体験として原発事故やその被害について、語りにくいと感じているかもしれない。なぜそのように感じるのか、その理由は一つではなく、多くの要因が複雑に関係している。例えば、事故を経験した人々にとっては、何よりも事故の際に感じた強い恐怖や不安、緊張、絶望などが思い出されて、自分自身が苦しくなるという理由が大きいだろう。さらにそれらの困難な経験は、被害を受けた地域に暮らす人々が感じたことであり、持続的なトラウマとなっている（成・牛島，2020）。こうした他者の恐怖や不安を呼

び覚まさないようにとの配慮から、語りづらくなっている可能性もある。

　または、原発事故被害を受けた地域の出身だというだけで、差別やいじめを受けたという報道も多いことから、そうした扱いを受けることを恐れて、話せないと感じている人々もいるだろう（清水，2022b）。これらの事故に起因する恐怖や不安、さらに二次被害としての差別や偏見といった人々の感情や認識に関わる要因に加えて、本章では現在の日本社会には原発事故とその被害を「否認する構造」が強固に存在しているがゆえに、語りにくくなっていることに注目する。実害としての事故被害は長期間継続することが確定しているにもかかわらず、その被害を語ることができない社会では、事故とその被害に向き合うための対話が成立せず、被害は不可視化され、人々の権利が侵害される事態が常態化することになる。

　こうした放射能汚染を伴う多様な被害という問題は、平和学・平和研究分野における、グローバルな核被害の実態と問題構造に関する調査・研究によって明らかにされてきた。広島・長崎の被ばく者に加えて、世界中の核実験地域に暮らす住民や実験に立ち会った兵士たち、原発労働者、ウラン採掘労働者、核関連施設の労働者、劣化ウラン弾の被害者などから構成される人々を「グローバルヒバクシャ」として再構成し、これらの犠牲を生み出し続ける世界的な核・原子力開発体制を批判的に検証してきた。また研究者に加えて、ジャーナリストや医師、高校教員等の多様な職業をもつ人々が、国内外の核被害について警鐘を鳴らす調査・研究を積み重ねてきている。これらの先行研究から見えてくるのは、軍事・民事を含めた核エネルギー利用に利益を見出す関係者によって、被ばくによる影響が常に不可視化され、または過小評価されるという、原発震災後の日本にも多くの分野で共通する問題である。

　本章では、東電福島原発事故以降の日本において、原発事故とその被害が否認されている実態とその結果発生する問題を概観する作業を通して、平和学・平和研究において解明されてきたグローバルな核被害に伴う否認の構造が、日本においても出現していることを明らかにする。そのうえで、この否認の構造を克服し、事故被害に対処するために被害を可視化し、語り続けることの必要性について考察する。

2　原発事故とその被害を否認する社会

（1）事故の風化と語られない被害

　現在の日本社会を見渡してみれば、原発事故から時間が経過するにつれて、事故当初の緊迫した空気は弛緩し、まるで事故とその被害は終わっているかのように見える。第9章で議論されているように、2022年に始まったロシアによるウクライナ侵攻を受けてエネルギー関連価格が高騰すると、原発事故後の世論調査で初めて再稼働容認が反対を上回り、日本政府は原発回帰政策を加速させている。

　しかしながら、多くの人々の尽力にもかかわらず、原発事故の収束作業は難航していることは周知の事実である。放射線量が高すぎて被害状況の確認作業ですら困難な原子炉がいまだに3基も存在し、事故によって溶け落ちた燃料デブリを取り出す作業は、当初予定されていた2021年の作業開始の延期が繰り返されるなど、「廃炉」の見通しはたっていない。2023年8月には、日本政府は住民や近隣諸国の反対を押し切って、燃料デブリに触れた汚染水を多核種除去設備（ALPS）で処理し、その「処理水」を30年以上にわたって太平洋に捨て続ける海洋放出の開始を断行した。

　日本政府はさらに、放射能汚染を受けた福島県内外の地域では、年間追加被ばく線量は事故前の20倍、放射性廃棄物は80倍に緩められた基準を採用してきた。事故後長期間にわたる低線量被ばくのリスクについても、専門家が異なる意見を唱えるなかで、不安を感じている人々は少なくない。また、汚染地域から避難をしている人々は、避難指示区域外からの避難者も含めると、登録されているだけで2012年5月に最大で約16万人にのぼっており、2023年5月時点においても2万7千人以上が避難を続けている[1]。そしていまだに、日本に暮らす人々は、2011年に発せられた「原子力緊急事態宣言」の下にある。

　にもかかわらず、まるですでに収束したかのように事故とその被害がよく見えず、さらにそれらが語られない状況が出現している。世界史に残る最悪レベルの過酷事故が発生した一方で、事故によるリスクを背負ってしまった社会に暮らす人々が、まるで事故とその被害に無関心であるかのように見えるのだ。

（2）被ばくに慣らされていく事故後の社会

　筆者は 2011 年の原発事故を受けて、世界中の紛争地域のように多数の「国内避難民」が発生するという事態を、日本において目撃することになった。居住していた栃木県には、隣接する福島県から連日多数の避難者が押し寄せた。衝撃的だったのは、事故直後から正確な情報が迅速に政府や自治体から住民に伝えられず、住民の安全確保が最優先とはされなかった、またはそのための対応能力を行政機関が持ち合わせていなかったという事実であった。電力会社や政府の責任者も含めて、事故の収束方法について確かな見通しをもっている様子もなく、場当たり的な対応が続けられていた（国会東京電力福島原子力発電所事故調査委員会，2012）。何に気を付けて、どのように生活すればよいのか、避難をすべきか否かを判断する情報を得るには、海外のメディアや関連機関のサイトを閲覧するほかなく、これらの情報を自ら探すことができない人々が取り残されていく現実を、目の当たりにすることになった。

　加えて、放射能汚染に関する詳しい情報が入らないまま、事故直後にもかかわらず、「非常時こそ平常心で行動する」ことが各所で推奨され、「通常通り」に学校も企業も活動を続けることが求められたのである。多くの住民の安全保障が危機に晒されているにもかかわらず、国家はその安全を保障することを最優先にしていないという現実、そしてその問題を批判的に問うことすらできないほどの、「正常化」への社会的圧力が危機的状況を常態化させ、人々は被ばくすることにも慣らされていく。

　日常的に摂取する食品には放射性カリウムによる内部被ばくがあること、レントゲンや CT スキャン、飛行機の利用による外部被ばくとの比較でいえば、事故後の低線量被ばくは問題ではないといった情報が、多くの「専門家」によって提唱されるようになった（復興庁，2018）。受けるか受けないかの選択が可能な医療被ばく等と、選択したわけでない原発事故による被ばくが、まるで比較可能であるかのように語られ、被ばくはどんなに微量であっても避けるべきである、とされてきた従来の定説がまるでなかったかのような言論空間を、事故後の日本社会は経験してきたのである。

（3）専門性と社会的圧力による語りにくさと「否認」

　原発事故とその被害について、特に一般市民が語ることを困難にしている要因の一つは、極度の専門性に由来する「難しさ」にある。原子力発電システムの詳細や、長期間にわたる低線量被ばくの健康影響について精通している人は、専門家の中でも少数である。専門的な知識がない大多数の人々にとっては、専門知識がなければ分かりづらいことが多い。さらに低線量被ばくの健康影響をめぐっては、「今回の事故に由来する被ばく量では心配する必要はない」とする見解と、「低線量被ばくであっても健康影響は否定できず、極力避けるべき」とする見解が対立した状況が続いており、結局どのように理解すればよいか分からない混乱した状態に人々は取り残されてきた（藤岡，2021）。

　さらに日本政府や福島県などの公的機関は、「事故の収束」「安全宣言」「汚染水はコントロールされている」「福島の復興」「避難指示解除」といった言葉を数多く発信することで、まるで事故とその被害が収束したかのような印象を与えてきた。そうした「前向き」な議論に対して、「本当に安全なのでしょうか」といった「後ろ向き」な不安を吐露すれば、「専門知識のない、よく分かっていない素人が根拠のない不安を煽っている」「せっかく多くの人々が努力しているのに、復興の足を引っ張るのか」といった批判が展開される。すなわち、人々が原発事故やその被害の可能性について不安に感じていたとしても、その問題についての不安を、言葉にしづらい状況が続いているのである。

　被害について語りにくい状況をさらに深刻化させているのが、原発事故やその被害に関する「否認」という問題である。哲学研究者である佐藤嘉幸と田口卓臣は原発事故に関して、人間は原発事故の破滅的な帰結を想像することを恐れ、「その可能性を（精神分析的な意味で）『否認』する」という（佐藤・田口，2016: p.38）。現代の日本の文脈に即して言えば、事故は起きてしまったものの、事故は収束し、乗り越え可能であった、そしてその被害も重大ではなかったと考えることを欲するがゆえに、被害の報告が出現しても、まずは否認する思考が優先されることになる。

　さらにこの人間の想像力の限界に由来する否認に加えて、国家や東京電力のような巨大企業に代表される資本による「イデオロギー的再認・否認」というルイ・アルチュセール（Louis Althusser）の議論も援用されている（アル

チュセール，2000）。すなわち、「自らが経済的、軍事的な目的で構築した原発システムを維持し、発展させるために、諸主体に働きかけ、『原発は安全であり、事故を起こしてもその影響はほとんどない』という『イデオロギー的再認／否認』のメカニズムに従って諸主体の認識を構成しようとする」（佐藤・田口，2016: p.94）問題であり、いわゆる原子力の「安全神話」は、国家と資本による「安全」イデオロギーとして意図的に生産されてきたという。

（4）原発事故後の学問とその社会的責任

以上のような原発事故とその被害をめぐる否認によって、発生している被害が不可視化されるだけでなく、加害責任は曖昧にされると同時に、破滅的な事象であっても克服可能であるとして過小評価されることになった。その結果、かえって被害の拡大を招き、さらに将来にわたって同様の被害が繰り返されることを防止できないといった問題がもたらされている。

もし破滅的な出来事を前にして、学問に果たすことのできる役割があるならば、不可視化されている問題群と、その構造的要因を明らかにすることなのではないだろうか。しかしながら、原発事故直後に適切な情報提供や問題分析ができなかったばかりか、むしろその誤りが事故によって明らかになったはずの「原発の安全神話」を支え続け、または新たに「放射線安全神話」が作り出され、被害の過小評価を助ける「専門家」が事故後も存在してきた。その帰結として、学問全般に対する人々の信頼が失われてきたことは、ここで繰り返すまでもないだろう（影浦，2013）。

筆者は放射能汚染地域で、子どもたちの健康を守るための自発的な活動を続けている関係者から、「学問とは、いったい誰のために、何のために存在するのですか」と問われたことがある。この問いは、原発震災後に生きるすべての研究者に向けられた問いなのではないだろうか。特にこの事故が、まだ生まれていない世代も含めた多くの人々の健康や生活を長期間にわたって脅かし続け、さらには地球環境と生態系にも深刻な影響を与える問題である以上、学問分野を超えて事故被害に対応する必要性と緊急性は言を俟たないはずである。

先述したように平和学・平和研究は、核兵器や原発によって発生する被害の実態を究明してきた。その結果明らかになったのは、被ばくによる健康影響を

過小評価し、または不可視化してきたのは、まさに核エネルギーの軍事利用を推進してきた諸国の政府と国際機関、そしてこれらに関わる「専門家」たちであるという問題である。その結果、低線量被ばくの健康影響をめぐる「混乱」が発生し、現在にいたるまで多くの市民が健康不安を抱えながらの生活を強いられている。このように、原発事故後の日本国内における問題の背景には、核エネルギー利用をめぐる国際的な権力構造が存在している。そしてこのグローバルな構造を認識することが、事故後に日本国内で発生している諸課題を理解するうえで不可欠なのである。

3　被害の不可視化と過小評価を可能にする「否認の構造」

　核エネルギー利用に伴って被ばくを強いられた国内外の「グローバルヒバクシャ」に関する先行研究は、共通した構造的な問題が繰り返し指摘している。それは、核エネルギーが利用され始めた20世紀半ばから一貫して、核被害の実態が常に不可視化され、過小評価されてきた、ということである。

　周知のように、米国による核兵器開発と実戦使用は、米ソ間での核開発競争を誘発した。多数の核兵器を保有しつつ相互に脅し合う体制として成立した冷戦中の核抑止体制は、核兵器によって支えられる国家安全保障を最優先にする体制でもあった。その結果、核兵器の製造開発過程や核実験によって被ばくする人々の「人間の安全保障」は、省みられることがなかったのである。むしろ、これらの人々の被ばくとその健康影響の実態が明らかになることが、核兵器開発の支障となることを恐れて、組織的に核被害の不可視化と過小評価が行われてきた（竹峰，2015）。

　しかし実際には、被ばくした多くの関係者が健康被害に苦しみ、家族や地域共同体とのつながりを奪われるなど、多方面にわたる深刻な影響を受けてきた。こうした無数の人々の被害を不可視化、過小評価することは決して容易ではないはずである。にもかかわらず、なぜ不可視化が可能であったのかを検証すると、「否認の構造」を支える以下6つの問題が見えてくる。

（1）利害関係者による被害の認定・評価

　第一に、被害発生の有無を認定し、その規模や程度を評価するのは、核エネルギー利用推進主体である、という被害の認定・評価主体をめぐる問題である。何らかの被害が発生した際には、その案件に利害関係をもたない中立的、客観的かつ専門的な立場からの被害の認定と評価が必要である。しかしながら、こと核被害に関しては、その被害の原因である核エネルギー利用を積極的に推進する各国政府をはじめ、政府による支援を受けている核関連産業、研究者、そしてこれらの関係者と密接なつながりを有する国際原子力機関（IAEA）、原子放射線の影響に関する国連科学委員会（UNSCEAR）、国際放射線防護委員会（ICRP）等の国際機関が、放射線防護基準を決定し、被害の認定や評価に関する「権威ある」勧告や報告を行ってきた（日本科学者会議，2014；清水，2022a）。第7章において詳しく検討されているように、核エネルギー利用推進を前提とし、その事業に利害関係を有する当事者が、その被害の認定や評価を行うという倒錯した権力構造が、これまで蓄積されてきた膨大な被害についての組織的な不可視化と過小評価を可能としてきた最大の要因である。

　東電福島原発事故についても、日本政府はICRPの勧告に基づいて避難や帰還の基準を決定し、避難指示区域の指定や解除、被災地住民の健康影響調査の要否を決定してきた。それは言い換えれば、誰が原子力災害の被災者であり、被災地域はどこであるかの決定権を、核エネルギー利用を推進してきた政府が握っているということである。具体的には、福島県内外における汚染の実態を反映しない限定的な避難指示区域の設定、被ばくを避けるための基準値の緩和、そして相次ぐ避難指示解除、区域外避難者への支援打ち切りが、日本政府によって進められてきた。

　また被ばくによる健康影響の評価についても、UNSCEARが2013年に国連総会に提出した報告書のなかで、原発事故による公衆の健康影響について、心理的・精神的な影響が最も重要だとする一方で、甲状腺ガン、白血病ならびに乳ガン発生率が、自然発生率と識別可能なレベルで今後増加することは予想されないと結論づけた（UNSCEAR, 2014）。この報告書は2015年に刊行されたIAEAによる東電福島原発事故に関する報告書でも参考にされており、事故による健康影響はないとする根拠としてしばしば引用されている。し

かし UNSCEAR の報告書は健康被害を過小評価しているとして、核戦争防止国際医師会議（IPPNW）ドイツ支部他、各国の有志医師団による批判を受けてきた（IPPNW ドイツ支部他，2014）。さらに、2022 年に公表された 2020・2021 年版の UNSCEAR 報告書では、小児甲状腺ガン発生の可能性自体は否定しておらず、事故に由来する増加分は誤差に紛れて「識別できない」程度であると述べているが、日本国内ではこの点について正確に報道されていない（UNSCEAR, 2022: para.222，原子力市民委員会，2022: pp.82-83）。

（2）被害実態の不可視化

　第二の問題は、この利害関係者による被害の認定・評価を可能とする権力構造の下では、被害が発生している可能性があっても、被害の実態について調査が実施されず、または調査をしたとしてもその結果が適切かつ十分に公表されない、という被害実態の不可視化をめぐる問題である。核実験や原子力発電所事故のように広範囲に被害が及ぶ場合に、その実態調査を大学や自治体のみが担うことは不可能であり、国家レベルの組織的な関与と取り組みが必要となる。しかしながら、核エネルギー利用は国家が利害を有する事業であるため、その推進の妨げとなる可能性のある調査・研究には政府は消極的である。特に核兵器開発関連の資料は長年軍事機密扱いとされてきたために、被ばくの実態については調査がされていた場合であっても、その情報は公表されてこなかった（高橋，2012）。

　福島での事故に関しても、被害の実態が十分調査されていないことが多くの場面で問題となってきた。避難指示区域外であっても放射能汚染のホットスポットは広範に存在していたため、福島県内、県外を含めて避難指示区域外からのいわゆる「自主避難者」が数万人単位で発生したと言われているが、日本政府はその実態について十分な調査をしないまま 2017 年 3 月末をもって、住宅支援等のわずかな支援策も打ち切りを決めている（髙橋，2022）。

　同時に十分な被害の実態調査が行われていない問題としては、福島県外の低認知被災地[2]における放射能汚染問題がある（原口，2013）。文部科学省が公表している汚染マップを一見すれば、原発から放出された放射性物質は、福島県内にとどまっていたわけではなく、県境を越えて広範囲に拡散したことは明

らかである。実際に環境省も、年間の追加被ばく線量が1ミリシーベルトを超えると計算した地域を、「汚染状況重点調査地域」として2011年12月から指定を開始したが、その範囲は福島に加えて、岩手、宮城、茨城、栃木、群馬、埼玉、千葉の合計8県、最大で104市町村にものぼっていた。

しかしながら、原発事故の被害はまるで福島県内のみにとどまっているかのように、政府による避難指示区域の指定は福島県内に限定されてしまった。さらに最も効果の高いとされる表土除去を含む除染が、福島県外では環境省による施策として実施されず、甲状腺検査をはじめとする健康調査も、福島県外での要望があるにもかかわらず国費によって実施されていない。筆者が2022年に栃木県内の子どもを持つ保護者を対象に実施したアンケート結果によれば、国や自治体が責任をもって健康調査を実施することを求める回答は99%と非常に高い割合となった（清水・鴨原・原口・蓮井，2023: p.19）。しかし現在に至るまで、福島県以外で県単位での健康調査は実現していない。

（3）調査不在の否定論と過小評価

第三の問題は、このように調査をせず、または調査結果等を公表しないという被害の不可視化によって、発生している被害の否定もしくは過小評価が可能になるという調査不在の否定論をめぐる問題である。被害実態の調査が行われていなければ、実際には存在する被害であったとしても「科学的根拠がない」「疫学的データが存在しない」といった理由によって被害を否定する、あるいは低線量被ばくの健康影響について十分な調査をすることなく「その程度の低い線量では健康被害が発生する可能性は少ない」という過小評価が可能となる。

こうした被害実態の不可視化は、東電福島原発事故後の日本にもそのまま当てはまる問題である。事故後に喧伝されている「放射線『安全』論」の問題性を指摘してきた島薗進は、放射線による被ばくに関する「不安をなくす」ために、「調べない」「知らせない」ことがまるで「医療倫理」であるかのように語られている日本の現状を鋭く批判している（島薗，2021）。

また事故当時福島県において18歳以下であった子どもたちを対象に、県民健康調査の一貫として2011年10月から甲状腺エコー検査が実施されてきたが、100万人に数人程度という稀有なガンとして知られる小児甲状腺ガンが、

福島県の県民健康調査検討委員会資料にある 2023 年 3 月時点のデータによると、累計で 261 人確認されている。検査対象者は約 36 万人で、受診率は当初の 81.7％から 2020 年から 22 年に実施された第 5 回検査では 45.0％まで減少したことを踏まえれば多発に見えるが、福島県の検討委員会では、放射線被ばくとの関係を否定してきた。その一方で、福島県立医大で手術を受けた 125 例のうち、約 78％でリンパ節に転移しており、約 39％でガン細胞が甲状腺の外に拡がっていることが、報告されている。(平沼, 2017: pp.899-901)。

　このように甲状腺ガンの認定が増えている一方で、2016 年からは検査縮小論が主張され、対象者が検査を辞退することを推奨する通知文に変更されるなど、全員を対象とした検査自体の存続が危ぶまれる事態となっている。さらに県民健康調査では経過観察とされた対象者が、一般診療で甲状腺ガンが認定され、県立医大で手術を受けていたにもかかわらず、その症例は報告されているガン認定数に含まれていなかったことも明らかになったが、県立医大は経過観察中に診断されたガン症例について、情報を集める義務も制度もないと回答した。第 1 巡目の検査だけで経過観察となった対象者は約 1,250 例と言われており、公表されているデータが不完全である可能性が高い（平沼, 2017: pp.901-908)。

（4）差別と疎外を生む社会的要因

　以上のような構造の下で不可視化、過小評価されている被害の実態があるのだとしたら、被害を受けた当事者が声を上げて真相を明らかにすればよいのではないか、という考え方もあるだろう。

　しかし核被害をめぐる第四の問題は、その被害の告発を困難にする差別と疎外を生む社会的な要因が常に存在することである。広島と長崎の原子爆弾投下によって被ばくした人々が、その後も長期にわたって社会的な差別に晒されてきたこと、さらに朝鮮人被ばく者への差別と疎外が続いてきたことは、先行研究によって明らかにされてきた（平岡, 1972)。また核保有国内では、国家安全保障のための核開発は核関連施設周辺住民にとっての「誇り」であり、被ばくをしたとしても核開発に疑問を差し挟むことは「愛国的ではない」として批判される傾向があったという（春名, 1985)。

さらに先住民族の居住地や元植民地であった発展途上国など、社会的に「弱い」立場にある人々が暮らす地域において、核エネルギーの原料となるウラン原石の採掘や核実験の実施が繰り返され、これらの地域の住民たちが被ばくを強いられてきた（豊崎，2006）。このことは、被害の申し立てをすることが困難な立場にある人々に、核エネルギー利用のリスクが押し付けられてきたという意味で、「環境正義（environmental justice）」に反する「環境人種差別（environmental racism）」の問題として批判を受けてきた。こうして世界中に存在する核被害の犠牲者は、社会的な差別を恐れて、または社会的に疎外された立場ゆえに、その被害を訴えることが困難な立場に立たされてきたのである。

　また日本国内においても、原発や核関連施設の立地が進められたのは、最も多くの電力を消費している「中心」地域から離れた「周辺」地域であった。東北電力管内である福島県に、首都圏の電力を供給する東京電力の原発が立地していたことは、日本国内における「中心＝周辺」の格差構造を端的に表している。東日本大震災が人口密集地である都市部ではなく「まだ東北でよかった」と発言して批判を受け、2017年4月に今村雅弘復興大臣（自民党・当時）が辞任する、という事件が発生した。この言葉は元大臣個人の資質の問題を超えて、原発政策を推進してきた政府関係者の共通認識として、「中心」と「周辺」の間の格差構造を正当化する差別的な意識を露呈していたと言えよう。

（5）被害と加害の連続性

　こうした社会的な差別と疎外に加えて、核被害の言説化を困難にしている要因が、被害と加害の連続性という問題である。核エネルギー利用は、常に強大な政府機構と関連産業並びに研究機関を巻きこむ一大システムを必要とする。そのため、核被害を受けるという意味で被害者の立場にある人々も、このシステムの一部として機能する立場に巻き込まれることが多く、気が付けば加害者の側に与する、または核エネルギー利用を黙認することで、加害の構造に加担せざるを得なくなる。

　核関連施設で働く、またはその周辺で「経済的効果」の恩恵を受ける人々は、同時に日常的に被ばくのリスクに晒されるという意味で被害者となりやすい。しかし、これらの人々が被ばくのリスクを訴えることは、自分たちの職場や地

域の「振興」にとって不都合な問題を提起するために、もしくは自分たちがその体制に加担している実態と向き合うことが困難であるために、その被害を言説化しにくいという状況が生まれるのである（ブラウン，2016）。

　このような加害と被害の連続性がもたらす問題は、第2章や第10章でも議論されているように、足尾鉱毒事件や水俣病をはじめとする四大公害病に関しても、常に指摘されてきた。中央集権的な開発主義政策としての近代化、工業化を進めた結果としての被害の過酷化は、被害当事者の間にも「差別の多重構造」を生み出し、被害者間の分断や対立を伴うことで、さらに問題解決を困難にしてきた。東電福島原発事故は、まさにその延長上に位置づけられるのである（佐藤・田口，2016: pp.282-302）。

（6）疑似公共的・権威主義的な正当化

　以上の点に加えて最後に指摘すべき問題は、核エネルギー利用が常に公共性を帯びたように響く言説によって正当化されてきたという問題である。一方で核エネルギーの軍事利用は「国家安全保障」や「核抑止論」という語彙によって、他方で原発等の「平和利用」は「夢のエネルギー」や「経済成長」「地球温暖化防止の切り札」という、いずれも簡単には批判ができないような「公共性」の高い概念によって、その正当化が繰り返されてきた。

　これらの目的に批判を差し挟もうものなら、国益について「冷静に」判断できない「偏った」「政治的な」「反核運動家」「反原発論者」として糾弾されるのが常である。さらに、安全保障や核物理学等、高度に専門的な分野に関わる問題であるだけに、「素人」が判断できる問題ではなく、市民は「専門家」の判断に従えばよい、という権威主義的な意思決定が当然視されてきたことも、核エネルギー利用に対する市民の批判を牽制することにつながってきた。

　これらの正当化を支えた論拠がいかに脆いものであったかは、核エネルギー利用に伴う数々の矛盾と、核被害の実態を知ることによって初めて明らかになる。しかしながら、高度に専門化した核エネルギー利用にまつわる問題点は、多くの市民にとって理解しにくい情報のまま囲い込まれてきた。さらに核被害の実態が不可視化され、否定され、または過小評価されてきたことから、これらの正当化論の問題点も覆い隠されるという「相乗効果」が生まれる。その結

果、これらの正当化論自体の問題性もまた、容易に認識できない問題となってきたのである。

4　おわりに――被害の可視化がもたらす可能性と課題

　本章では、東電福島原発事故の被害を不可視化している要因を分析するために、原発事故とグローバルな核被害に共通する「否認の構造」に注目した。現在発生している健康被害をめぐる論争や、被災者の間での分断や対立、そして自由に被害について議論ができないという閉塞感は、いずれもグローバルな問題構造のなかにあることを理解しつつ、その打開の方法を検討する必要がある。

　グローバルな核被害が明らかになった背景には、被害を受けた人々が被害を記録し、声を上げたことに加えて、またそれらの被害を可視化する活動を支えた研究者やジャーナリスト等の貢献があった。原発事故後の日本においてもまた、被害を受けた当事者たちが自ら被害を調査・記録し、社会に向けて発信し、政治の場に働きかける活動を粘り強く展開すると同時に、それらの活動を支えた多くの人々の取り組みが続いてきた（原子力市民委員会，2022: pp.98-105）。

　その一方で、原発事故の被害をグローバルな核被害として認識するためには、多くの困難が存在している。その一つが、被害地域の認定範囲を最小限としたい政府や東京電力側の思惑とともに、県境を越えて被害を受けた自治体、企業、住民もまた、被害を認めることに消極的な姿勢がある。

　放射能汚染を認めれば、地域の産業が影響を受け、経済的な損失が発生することが危惧される。少子高齢化が進むこれらの地域からも避難を希望する世帯が増えれば、さらなる人口減少を覚悟してなくてはならない。または低線量被ばくを避けるために移住を希望したとしても、避難地域に指定されていない低認知被災地の人々を対象とした支援は限られてきた。避難をすることができない人々のなかには、汚染地域に住み続けることによるストレスを感じることに疲れて、放射能汚染についてはなるべく考えたくないと思う人々もいる。また福島県の人々が経験してきたように、「○○県の人々も被ばくしている」と差別を受けるのではないかと心配する声も耳にする。これら複数の思惑が交錯

しながら、福島県内外の被災地においては往々にして被害は語りにくい問題となってきたのである。

　当事者が語ることを望まない問題について、研究者や支援者は何を語り得るのだろうか。現在の被害を軽減し、将来の被害を防ぐためには、被災地・被災者への差別をはじめとする権利侵害は許されないことを明確にしながら、同時に被害を可視化し、被害とその対処をめぐる対話の可能性を探り続けることが必要なのではないだろうか。もし東電福島原発事故後の問題状況が認識されず、今後の原発事故後の「復興モデル」とされれば、将来他の地域で発生する原発事故においても再び、多くの人々と地球環境は危機に晒されることになる。また現在人々が経験している被害も、無かったことにされてしまうだろう。

　語りにくい問題を否認することのリスクの大きさを、核被害の歴史を踏まえてグローバルな視点から認識しつつ、被災地で発生している諸問題を「福島」の、もしくは「被災地域」に特有の問題として切り取るのではなく、影響を受けたすべての住民の人権保障と、次世代に受け継がれる地球環境保護のための問題として捉えるためにも、原発事故と被害を語り続けることは、それが痛みを伴う作業であるにもかかわらず、必要なのだと考える。

＊追記：本章は、JSPS 科研費 17K12632、並びに JSPS 科研費 20K02130 による研究成果の一部です。なお、本章の一部は、次の文章を一部改変、更新しています。清水奈名子（2021）「原発事故被害の『否認』を乗り越える」認定 NPO 法人ふくしま 30 年プロジェクト『10 の季節をこえて』所収。

注
1 ）福島県災害対策本部「平成 23 年東北地方太平洋沖地震による被害状況即報（第 1792 報）」（2023 年 6 月 12 日 ）https://www.pref.fukushima.lg.jp/uploaded/life/694344_1961228_misc.pdf（最終閲覧日：2023 年 6 月 30 日）。
2 ）低認知被災地とは、原口弥生の定義によれば「社会的認知度が低く、また制度的にも被災地として十分に取り扱われていない地域」を指す（原口 ,2013）。

参考文献
IPPNW ドイツ支部他（平沼百合訳）（2014）「UNSCEAR 報告書『2011 年東日本大震災後の原子力事故による放射線被ばくのレベルと影響』の批判的分析」。
アルチュセール、ルイ（西川長夫他訳）（2000）「イデオロギーと国家のイデオロギー諸装

置」『再生産について（下巻）』平凡社。

影浦峡（2013）『信頼の条件――原発事故をめぐることば』岩波書店。

原子力市民委員会（2022『原発ゼロ社会への道――「無責任と不可視の構造」をこえて公正で開かれた社会へ』インプレスR&D。

国会東京電力福島原子力発電所事故調査委員会（2012）『国会事故調　報告書』。

島薗進（2021）『増補改訂版　つくられた放射線「安全」論』専修大学出版局。

清水奈名子（2022a）「国際的な放射線被ばく防護基準と日本政府の対応をめぐる課題」高橋若菜編著『奪われたくらし――原発被害の検証と共感共苦』日本経済評論社。

清水奈名子（2022b）「二次被害としての差別――いじめ対策がもたらす被害の不可視化」高橋若菜編著『奪われたくらし――原発被害の検証と共感共苦』日本経済評論社。

清水奈名子・鴨原敦子・原口弥生・蓮井誠一郎（2023）「原子力災害後の健康調査に関して福島近隣県が抱える課題――茨城・栃木・宮城の自治体アンケート調査分析から」『宇都宮大学国際学部研究論集』第56号。

成元哲・牛島佳代（2020）「持続的なトラウマ原発不安の変化と特質に関する研究」『中京大学現代社会学部紀要』第14巻2号。

高橋博子（2012）『新訂増補版　封印されたヒロシマ・ナガサキ――米核実験と民間防衛計画』凱風社。

高橋若菜編・著（2022）『奪われたくらし――原発被害の検証と共感共苦』日本経済評論社。

竹峰誠一郎（2015）『マーシャル諸島――終わりなき核被害を生きる』新泉社。

豊崎博光（2006）「写真が語るニュークリア・レイシズム――核による人種差別」高橋博子・竹峰誠一郎（グローバルヒバクシャ研究会）編『市民講座　いまに問う　ヒバクシャと戦後補償』凱風社。

日本科学者会議編（2014）『国際原子力ムラ――その形成の歴史と実態』合同出版。

原口弥生（2013）「低認知被災地における市民活動の現在と課題――茨城県の放射能汚染をめぐる問題構築」日本平和学会編『「3.11」後の平和学』早稲田大学出版部。

春名幹男（1985）『ヒバクシャ・イン・USA』岩波書店。

平岡敬（1972）『偏見と差別――ヒロシマそして被爆朝鮮人』未來社。

平沼百合（2017）「福島県の甲状腺検査についてのファクトシート（2017年9月）」『科学』第87巻第10号。

藤岡毅（2021）「福島原発事故後の日本で起こったこと、これから世界で起こること――放射線の健康影響をめぐる科学論争と政治」若尾祐司・木戸衛一編『核と放射線の現代史――開発・被ばく・抵抗』昭和堂。

復興庁（2018）『放射線のホント』。

ブラウン、ケイト（高山祥子訳）（2016）『プルートピア――原子力村が生みだす悲劇の連鎖』講談社。

UNSCEAR (2014), Sources, Effects and Risks of Ionizing Radiation, UNSCEAR 2013, *Report to the General Assembly with Scientific Annexes*, vol. I Scientific Annex A.

UNSCEAR (2022), Sources, Effects and Risks of Ionizing Radiation, UNSCEAR 2020/2021 *Report to the General Assembly with Scientific Annexes*, vol.2, Scientific Annex B.

第2章
3.11後の復興と〈自然支配〉
―ポスト開発論の視点から―

鴫原　敦子

1　はじめに――「復興」を相対化する

　「復興」という言葉は、災害がより過酷で困難な状況をもたらしたからこそ、多くの人々に共感・受容され、誰もが否定しがたいものとして3.11後の現実社会を形作っている。しかし一方で、「みんなで前を向く」ことを良しとする「復興」下の社会状況は、被害や不安を語れない、語らせないという「否認の構造」（第1章参照）を支えてもいる。地震・津波という自然災害による可視的な被害と原発事故に伴う放射能汚染という不可視の被害は、その後の「復興」過程を経る中で回復状況の差異や新たな被害の増幅を生み、災害因に直接由来する可視／不可視の境界なく複雑多岐にわたる課題を今も残す。

　3.11後、「復興とは何か」が広く議論されてきた背景には、こうした中で現に展開されている「復興」と、被災地内外に暮らす人々が思い描く「復興」の内実に乖離が生じていることがある。例えば塩崎（2014）は、阪神・淡路大震災後の復興過程と東日本大震災後の状況を重ね、災害後の復興政策のもとで増幅される被害を、社会の仕組みによって引き起こされる人災として「復興災害」と呼ぶ。また山下（2017）は、原発事故と津波災害は性質が異なるものの、現行の復興ではどちらにも「選択の強要」が付きまとったとして、「復興政策の失敗」を指摘する。「復興」が経済的施策に重心をおく中、必ずしも被災者の権利・尊厳の回復や暮らしの再生に結び付いていない現状を顧みても、「復興」はいまや、それを用いる主体によって内実が異なる玉虫色の言葉となっている。

　そこで本章では「復興とは何か」という問いをいったん脇におき、必ずしも意味内容が共有されているとは言い難い「復興」が、広域複合災害後の対応過

程全体を総称して広く用いられる中で、原発事故による放射性物質の広域拡散後の対応過程でいかなる役割を果たしているのか、とりわけ「否認の構造」をいかに支えているのかについて考えていく。

　もっともこのように述べることは、被災地内外に暮らす人々が困難な中で被害に向き合い、平穏な暮らしをとり戻すために取り組んできた数々の実践や現場での模索、連帯などを表象して用いられる「復興」のすべてを無効化するものではない。むしろ、被災した多くの人々がすがる思いでそこに希望を託し、社会的にも疑いなく用いられる言説の力を利用して、いかにそこに政治が入り込んでいるのか、「復興」が語られる文脈そのものを相対化し検証することが本章の目的である。したがってここでは、主に政策決定者側すなわち権力の側から繰り返し発せられるナショナルな呼びかけとしての「復興」言説とその施策に焦点をあて、それらが現実社会でどのように機能し、またそれによっていかなる問題が覆い隠されているのかを考えてみたい。

2　「創造的復興」は被災地をどう再編したか

（1）日本経済再生策としての「復興」

　東日本大震災から1ヶ月となる4月11日、「単なる復旧ではなく、未来に向けた創造的復興」を掲げる閣議決定がなされた。その後に復興構想会議が提出した報告書では「被災地域の復興なくして日本経済の再生はない。日本経済の再生なくして被災地域の真の復興はない」と謳われ、復興は「危機を機会に変える積極的な取組」を目指すものとなった。

　復興10年間に投じられた総額32兆円規模という莫大な復興事業費の多くを占めたのは大型土木公共事業となり、各自治体の復興計画は復興庁などが示した事業を選択する形で方向づけられた。事業の大規模化に伴う工期の長期化や住宅再建の遅れから、人口流出や世帯分離、コミュニティの分散も進んだ。被災地は、「発展戦略によって日本経済の活性化を目指す」（復興構想会議報告書）ものとして、また「単なる災害復旧にとどまらない活力ある日本の再生」（復興基本法第2条）を目指して、国際競争力強化を図る改革や「課題先進地」としての新たな社会モデルの発信を期待された。経済停滞期が長期に及んでい

た日本にとって、震災はグローバル国家としての課題に対応するための構造改革の好機となり、その中心的施策は「ショック・ドクトリン（惨事便乗型資本主義）」（クライン，2011）とも評された。

　他方、原発事故は放射性物質の広域拡散による環境汚染をもたらし、自然災害からの復興とは異なる対応を要した。事故の深刻度を示す国際原子力事象評価尺度（INES）では、チェルノブイリと同等の「深刻な事故」を意味する「レベル7」と位置づけられた。気象の変化や地理的条件に応じて広域に拡散・沈着した放射性物質は、目に見えず五感で感じられないため、空間放射線量の測定や、土壌や食品、農作物などに含まれる放射性物質濃度測定によるきめ細かな汚染実態把握が必要となる。さらに放射線核種によってその半減期が異なる（例えば甲状腺に影響を与えるヨウ素131は8日間、セシウム134は2年、セシウム137は30年など）ため、事故後できるだけ早く、詳細に、広範囲にわたって調べ、その環境下に暮らす人々に対し被ばく防護措置が講じられるよう正確な情報を伝えることは極めて重要な政策課題となる。

　しかし避難指示に際しSPEEDIに関する情報提供が不十分だったことに加え、汚染実態把握と対応は遅きに失した。例えば住民への情報伝達が不十分で避難が遅れ、無用な放射線を浴びたことが住民不安を招いたことや、避難時の外部被ばくに対する除染のスクリーニング基準が当初予定の1万3000 cpmから10万 cpmに引きあげて運用されたこと、それに伴い被ばく防護策としての安定ヨウ素剤服用や行動記録が実施されず、「日本政府の初期被ばくの調査は不十分なものであった」ことが既に指摘されている（国会事故調報告書，2012: pp.408-419）。さらにこうした政策的失敗に起因する健康不安が、福島県内に留まらず近隣県の住民の間にも広がっていることも指摘されてきた（清水，2017）。

　また福島県内の学校校庭利用判断の暫定基準として示され、避難指示解除の目安となった「年間積算線量20 mSv」についても、事故前の基準である「年間1 mSv」を求める声とともに大きな論争となった。しかし日本政府は将来的に年間1 mSv以下を目指すとしながら20 mSvを基準として据え置いたため、多くの区域外避難者（いわゆる自主避難者）を生むこととなった。

　2011年12月には原発事故収束宣言が出され、低線量被ばくのリスク管理に

関するワーキンググループ報告書（2011年12月）を機に、避難区域再編方針のもと帰還促進策が展開していく。このWG報告書は低線量被ばくの影響を、「他の要因による発がんの影響によって隠れてしまうほど小さく、放射線による発がんのリスクの明らかな増加を証明することは難しい」「年間20ミリシーベルトという数値は、今後より一層の線量低減を目指すに当たってのスタートラインとしては適切である」と結論づけた。これによって以後の健康不安対策は、被災地の人々の不安を生む根本的要因となった初期対応の不備やそもそも放射能汚染をもたらした加害責任の追及をかわしながら、「科学的知見」や「正しい知識」の啓発・普及による不安の解消を目指すものとなっていく。

（2）帰還促進策とリスクの個人化

　2012年3月の福島復興再生特別措置法（以下、「福島復興特措法」という）では、避難指示解除地域のインフラ整備と県全域の産業振興、生活環境の除染と一次産業の生産回復、「風評被害」の払拭が復興施策の柱となった。段階的解除が進められた避難指示区域のうち、帰還困難区域以外は2020年3月までに避難指示が解除されていく。これは一見「復興」の進展にも見えるが、同時に避難指示区域から避難した人々への支援の打ち切りを伴うため、避難の継続を望む人々にとっては、制度的に自主避難者とみなされていく過程でもあった。

　その後残された帰還困難区域についても、事故当初の方針が転換されていく。もともと帰還困難区域は年間積算線量が50 mSv超の地域で、5年間を経過しても20 mSvを下回らないおそれがあり、「将来にわたる居住を制限する区域」として設定された地域である。しかし事故から5年を経て出された「帰還困難区域の取扱いに関する考え方」（2016年8月31日）では、段階的に避難指示を解除し居住可能とすることを目指す「特定復興再生拠点区域」を整備し、「将来的にすべてを避難指示解除する」方針へと変更される。その際、「おおむね5年以内に放射線量が避難指示解除に支障ない基準（20 mSv）以下に低減する見込みが確実であること」を条件の一つとし、帰還後の住民の被曝線量評価については「空間線量率から推定される被ばく線量ではなく個人線量を基本とすべき」として、厳しい立ち入り制限も見直された。さらに2019年12月には、この特定復興再生拠点区域以外の地域についても、「2020年代をかけ

て帰還意向のある住民が帰還できるよう避難指示解除の取り組みを進める」方針が閣議決定され、2023年にはそのための「特定帰還居住区域」が創設されている。

　こうして事故当初は「将来にわたって居住困難」とされた帰還困難区域への対応は、「帰還意向のある住民の帰還実現・居住人口の回復を通じた自治体全体の復興」を目指すものへと転換された。それは、事故当初それ自体が高いと批判のあった20mSv基準を「おおむね充足した地域」とし、空間線量から個人の線量管理へと施策の重心をずらすことで可能となっている。これは表向きは自治体や帰還を望む住民の希望に応えるものである反面、健康相談等の体制整備とともに積算線量の管理を個人に委ねることでもあり、実態としては被ばく防護を自己責任化していく。この方針は、首相官邸が開催してきた原子力災害専門家会議で表明された「場の線量から人の線量へ」の考え方と合致する[1]。それは「必ずしも『場の線量』を下げなくとも人の被ばく線量を抑えることは可能」とし、「除染の手間や費用、発生する放射性廃棄物の量などとともに、『人の線量』にも配慮して選択肢の優先順位を考えるべき」との考え方に基づく。こうして帰還促進策として展開された「復興」は、リスクを個人化しつつ、実質的には原発事故被災地の多くが「帰れる状態となったこと」を国内外に示すことが目的化したものとなった。

（3）「復興」の中核としてのイノベーション・コースト構想

　この帰還困難区域の方針見直しの契機となったのが、福島県沿岸部地域での産業集積構想すなわちイノベーション・コースト構想である。これは2014年6月の「福島・国際研究産業都市（イノベーション・コースト）構想研究会報告書」に基づき、福島県の第3次復興計画（2015年12月）に登場したもので、福島復興特措法上にも位置づけられた（2017年6月30日改定）。廃炉、ロボット・ドローン、エネルギー、環境・リサイクル、農林水産業、医療関連、航空宇宙などを重点分野とし、さらに新たな産業創出、国際競争力強化に資する「福島国際研究教育機構（F-REI）」の設立も加わった。関係省庁や事業者、行政機関との連携のもと福島県浜通り地域に新たな産業基盤を構築する国家プロジェクトで、「世界中の人々が浜通りの力強い再生の姿に瞠目する地域再生

を目指す」（報告書，2014: p.1）と謳われ、「科学技術力・産業競争力の強化に貢献」するための整備が目指されている。

　こうした産業集積構想のモデルとして報告書に描かれているのが、米国西部ワシントン州のハンフォードである。ハンフォード・サイトは米国核開発の歴史上、軍事用プルトニウム精製を中心的に行い長崎原爆の製造を支えた中核基地であり、冷戦終結後はプラント周辺に除染関連の研究機関や企業が集積されてきた。そうしたハンフォード周辺の地域発展を支えた商工会議所的な存在である「トライデック」の名前をとった「福島浜通りトライデック」が2021年4月に発足、翌年には双方の連携協力協定も締結されている[2]。

　しかしこのハンフォードの核施設から環境中に排出・漏洩された放射性物質が州境をこえて環境に影響を与え、住民たちの健康被害が訴訟に発展したこと等について、そこでは全く触れられていない。そもそもハンフォードにおいても被ばく被害が長らく語られてこなかったこと、地域経済とのつながりが密に築かれるがゆえに、被ばくの話が語られにくくなってきたことが、多くの風下被ばく者らの証言により昨今明らかにされている（プリティキン，2023）。

　このイノベーション・コースト構想研究会は「一番ご苦労された地域が一番幸せになる権利がある」（同報告書，2014: p.1）との信念で立ち上げられたという。しかし「世界の人々に力強い再生の姿を見せるため」のこの事業で、「一番幸せになる」のは誰だろうか。震災によって故郷と働く場を失った多くの被災者が真に暮らしをとり戻すことにつながるのだろうか。福島国際教育研究拠点を創造的復興の中核と位置づけた与党提言「復興加速化のための第10次提言」（2021年7月）には、「わが国の科学技術力・産業競争力を世界最高水準に引き上げ、技術立国復活の狼煙を福島から上げる」と記されている。この威勢のよい言葉に、地域の人々の雇用創出や人材育成を謳いながらも、「技術立国復活」を「復興」に投影する国の本音が表れていよう。

3　原発事故が生み出した克服困難な課題

（1）困難を極める汚染廃棄物・除去土壌処理
　原発事故の被災地を居住可能とするためには、除染によって放射性物質を取

り除く作業が必要となる。しかしそこで発生した除去土壌や汚染廃棄物の処理は、「復興」が直面している極めて困難な課題の一つである。

　原発事故が発生する以前は、そもそも放射性物質が自然環境中に放出される事態は法的にも想定されてこなかった。事故によって放射性物質が原子炉建屋の外部に放出され、市民の生活環境中に拡散された事態に対処するため、2011年8月に制定されたのが放射性物質汚染対処特措法（以下、汚染対処特措法）である。これによって廃棄物と除染に関する対応方針が定められ、福島県内の汚染廃棄物対策地域、除染特別地域は国直轄での措置を行うこと、それ以外では 8000 Bq/kg 超のものは「指定廃棄物」として国が処理、8000 Bq/kg 以下の汚染廃棄物は一般廃棄物同様に「発生県で処理」すること、「汚染状況重点調査地域」指定地域では除染を実施することなどが定められた。

　しかしこの特措法については、すでに多くの問題が指摘されてきた。例えばその一つに、除染で生じた除去土壌の収集運搬や保管についての規則があっても、最終的な処分方法が定められていないことがある。福島県の中間貯蔵施設は、「貯蔵開始後 30 年以内に福島県外で最終処分」という方針決定によって2015 年から除去土壌の搬入が開始されたが、その持ち出し先は未だ不明なままだ。そうした中、環境省は 2016 年、「土壌は本来貴重な資源」であるとして、前処理等により土壌を「再生資材」化し、8000 Bq/kg 以下を原則に管理主体が明確な公共事業等において全国的に利用するという再利用方針を示した。あくまでも自由な流通を認めるものではないというが、放射性物質の無秩序な拡散につながりかねないとの批判があがっている。

　また汚染廃棄物の扱いについても、事故前からの原子炉等規制法で定められてきたクリアランスレベル（放射性物質によって汚染された物に該当するか否かを定める基準）である 100 Bq/kg に対し、原発事故由来の汚染廃棄物については 8000 Bq/kg 以下は一般廃棄物同様の扱いとされたことから、「放射性廃棄物の基準を 80 倍に緩和するもの」との批判があがった。しかし特措法附則で定められた、施行後 3 年経過後の検討時に見直し等はなされず、これをあくまでも「国の基準」として既存の施設を活用した焼却処分が、安全で迅速な方法として推奨されており、地域社会に分断を招いている（鳴原, 2020）。

　他方、「国の責任で処理する」とされた 8000 Bq/kg 以上の「指定廃棄物」

は、福島県外いずれの県でも最終処分場建設候補地選定が頓挫したままである。当初 2 年とされた酪農家等の敷地内での仮保管は 10 年を超え、時間の経過とともに自然減衰した廃棄物が指定解除されれば、焼却処理が順次可能となっていくというなし崩し的対応が進む。

　このように困難を極める放射性廃棄物処理をめぐる問題は、原発の通常運転においても避けがたい問題でありながら、先送りにされてきたことでもある。最終処分地を具体化しないまま暫定的貯蔵を引き受けさせる手法は、六ヶ所村における使用済み核燃料等の高レベル放射性廃棄物の引き受け時にも用いられた。福島原発の廃炉作業で出る高レベル放射性廃棄物は、地震や火山の影響を受けにくい場所で地下に埋め、「電力会社に 300 ～ 400 年間管理」させ、「その後は国が引き継ぎ、10 万年間、掘削を制限する」ことが原子力規制委員会で決定されたが（朝日新聞，2016 年 9 月 1 日）、それがどこになるのかは未だ見通しも立たない。

　福島原発事故炉の敷地内に溜まり続けた汚染水の処理も、2015 年 6 月時点では「取り除く」「近づけない」「漏らさない」ことを柱にしてきたが、これ以上の保管場所がないとの理由から多核種除去設備（ALPS）で処理した水の海洋放出が 2023 年 8 月 24 日に断行された。東京電力によれば初年度となる 2023 年度には、約 5 兆 Bq 分の放射性物質トリチウムを含む約 3 万 1200 トンを 1 日あたり約 460 トンのペースで太平洋に流すという（河北新報，2023 年 8 月 23 日）。

　放射性廃棄物の海洋投棄を禁止するロンドン条約締約国会議[3] では、汚染処理水は「船からの投棄ではない」として議論を回避し、地元漁業関係者との間で 2015 年に交わされた「関係者の理解なしにはいかなる処分もしない」との約束を反故にした合意形成なき政府決断である（第 8 章参照）。

　著名な公害研究者である宇井はかつて、近い将来に確実に大社会問題に発展することとして原子力産業の廃棄物を挙げ、「公海への投棄は公害輸出の一つでもある」（宇井，1985: p.12）と述べていた。事故前は生活環境からの「隔離・保管」だった処理原則が実現可能性に応じて変更され、「科学的」説明が後付けられながら「希釈・拡散」路線での処理が進められている。

　放射性物質によって汚染された土壌や廃棄物等は、原発事故の後始末がいか

に人間の手に負えないかを否応なく可視化する存在である。この問題を人間の視界から無くしていく処理を正当化するために、「復興のため」という社会的文脈が用いられている。

（2）自然生態系内に残存する放射性物質

　さらに視野を広げれば、自然環境中に拡散された放射性物質のうち除染等で取り除けるのはごく一部でしかない。森林や河川、湖沼などに残存する放射性物質は、今なおそこに生息する野生生物の生存基盤に影響を及ぼし続けている。事故後の被災地域では、人間のように避難できずに餓死せざるをえなかった家畜の他、被ばくを強いられたり、給与された飼料（牧草や稲わら）の汚染によって暫定基準値を超えた肥育牛など多くの家畜が殺処分された。「市場に流通する食品は安全」という言説の裏では、放射能汚染によって市場価値がなくなったとされた多くの命が葬られている。

　また森林生態系を生息域とするきのこ類や山菜、野生鳥獣、淡水魚などは事故から10年以上が経過しても基準値を超過する事例が少なくない。例えば2022年3月現在、全国14県196市町村で原木シイタケ、野生きのこ、たけのこなどの特用林産物の出荷が制限されている。森林内の土壌に蓄積されている放射性物質は物質循環に伴って移動し、汚染された土壌の栄養を吸収して育つ植物などの汚染源となっているためだ。樹木の放射能測定結果からは、事故直後に取り込まれたセシウムが樹木内部に留まることや、事故後に植栽した苗木は、根からの吸収による影響をうけセシウム濃度がより高くなることが明らかになっている（林野庁，2018）。

　森林内の落ち葉を直接食べるミミズなどが取り込んだセシウムは、食物連鎖を通しそれを捕食するイノシシなど大型野生動物の体内に取り込まれる。野生鳥獣は当然ながら県境など関係なく移動するため出荷制限措置も広域に及ぶ。2022年3月現在で10県（岩手、宮城、山形、福島、栃木、茨城、群馬、千葉県の全域、新潟、長野県の一部地域）でイノシシ、シカ、クマなど野生鳥獣肉の出荷制限指示が出されている（農林水産省，2022年）。

　同様に渓流や湖沼に生息する淡水魚も出荷制限指示が続く。その生息環境内では、陸上からの落葉落枝や底質層に残るセシウムが水生生物に取り込まれ、

さらにこれらを捕食する淡水魚に取り込まれる。水のきれいな渓流域のヤマメやイワナは陸生昆虫も食べるため、陸域からもセシウムを取り込む。他の小魚を食べる魚食傾向のある大きな魚ほどセシウム濃度が高いことも報告されている（石井, 2021）。その他チェルノブイリ原発事故後にツバメの部分白化や尾羽の異常が報告されたことから、ツバメの全国調査を実施した日本野鳥の会は、原発事故被災地で極めて汚染濃度の高い巣を観測している（環境省, 2014）。

　このように原発事故が環境と生態系に及ぼした影響の全容は未だつかみ切れておらず、汚染の影響が今後どのように発現するかについては長期的観察と検証を待つしかない。環境省は2012年度から生態系への影響を評価するためのモニタリング調査に着手したが、そこで調査対象とする野生生物は国際放射線防護委員会（ICRP）が示した「指標動植物種」に限定されており、福島での生態系への影響を把握するという目的に沿って検討されたものではないという（羽山, 2019）。例えばICRPの指標動植物種のうち哺乳類はシカとネズミの2種類だが、環境省の調査対象はネズミのみとなっているため、実際に被災地に生息するサルなどの長寿命野生動物を加える提言等が出されてきた。

　2013年には環境省等に対し「ニホンザル、イノシシ、シカなどを標準動植物モニタリングの対象に加える」ことや、「高線量地域とともに低線量地域での実施」など、日本の生態系に即したモニタリングの実施が日本哺乳類学会等から提言された（山田他, 2013）。また2018年11月には野生動物関連5学会連名で環境大臣あてに、ニホンザルなど中・大型野生動物もモニタリング調査の対象に加えることなどを記した「放射線被ばくが野生動物に与える影響調査についての要望書」が提出されている（日本霊長類学会, 2018）。もっとも、福島県では野生鳥獣の食肉調査は実施されているが、食肉の安全を図るための計測調査と、野生動物への影響を検討する科学的モニタリング調査は異なる。特にニホンザルは、森林生態系全体への影響を総合的に理解するためにも「ヒトと近縁な動物で、数十年規模での人体への被ばくの影響を知るモデルとして重要な生物」であるため長期モニタリングの必要性が訴えられたが、個別の調査に委ねられたままだ（環境省, 2022年2月現在）。

　このように、継続的体系的調査の必要性が指摘されながら実施されないことは、人間の生存環境に関する有用なデータが得られないだけでなく、人間が招

いた原発事故が人間以外の生命にもたらした影響を適切に捉え検証する責任を放棄するに等しい。こうした調査の不実施は、原発事故直後の避難者への被ばく線量調査の不十分な実施、福島県外地域における健康調査の不実施等とともに、原発事故被害の総体を矮小化する構造の一端を担っている。

「風評被害」や「市場に流通しているものは安全」という言説は、あくまでも放射性物質の影響が及ぶ範囲を経済活動との関係性においてのみ捉え、流通システムにのらない食品類や、人間以外の生命と生態系に及んだ被害を、被害として認識させない効果をもつ。このように経済的価値を社会の最上位に置き、被害を感知する視野を狭めていく人間／自然を二元的に見る世界理解は、被災地に暮らしてきた人々の生活実践を捉えておらず、同じ自然環境を生存基盤とする生命全体に原発事故がもたらした影響を捉えてもいない。

4 「復興」に透徹される開発主義

なぜこのように、「復興」が経済施策に傾斜し、生命が軽視され、被害の矮小化が進む状況が生じるのだろうか。公害・環境問題を構造的暴力として捉える横山は、それが権力格差や経済格差などの不平等な力関係と一体的な開発主義[4]と深く関わる点を指摘する。宇井が、戦後日本の公害を「日本型の開発過程から必然的に生ずるもの」（1985: p.3）と述べたことからも明らかなように、近代日本の開発／発展過程と 3.11 後の「復興」には、以下の 3 点に特徴づけられる開発主義が透徹されている。

（1）経済成長の目的化

まず第一に、国家と資本が一体となり経済成長達成があらゆる施策の優先事項となる「経済成長の目的化」である。公害がそれによって生じたことは述べるまでもないが、そうして発生した問題への解決過程や処方箋ですら、同様に経済成長に資するもの、あるいはそれを阻害しないものとして考案されていく。とりわけ国策のもとで生じた被害には、問題を生み出した構造と同様の思考様式で対処法が描かれるため、問題のすり替えや被害を過小評価する制度的枠組みが作られ、統治者の側からの被害の定義づけがなされてきた。

例えば明治政府が国是とした「富国強兵・殖産興業」下で発生した足尾銅山鉱毒事件は、近代日本が重工業育成に邁進する中で発生したことから公害の原点と言われる。薪炭材の大量伐採と鉱煙害により森林の荒廃が著しく進み、度重なる大洪水で広域に及んだ鉱毒被害は、農地土壌や灌漑用水の汚染、農産物の収量激減と農民の貧困化、住民の健康被害など生活全般に及んだ。しかし鉱業停止と救済を求めた田中正造らの訴えは治安問題として弾圧され、被害の主たる要因である鉱煙害と水源地荒廃を無視した土木工事中心の対策によって「鉱毒問題の治水問題へのすり替え」（東海林，1985: p.33）がなされた。最も深刻な被害をうけた谷中村の住民は、強制移住政策によって故郷を奪われ、集落全体が消滅に追い込まれたのである。

　また戦後の経済成長下で生じた水俣病、イタイイタイ病などの産業公害問題には、日本固有の技術選択の問題も関わる。国をあげて科学技術を導入し生産力増強を目指す中、企業はコスト削減のために公害防止技術を切り離し、生産に役立つ技術のみを選択的に導入してきた。宇井が、「公害は高度経済成長のひずみとして生じた結果ではなく、逆に公害の無視が高度経済成長を可能にした」（宇井，1985）と述べるように、戦後日本の「奇跡の経済成長」は、公害防止に割くべき投資を省略し、利潤の大半を生産設備投資に振り向けることで成し遂げられたのである。

　このように、あくまでも国家的目標の最上位に経済成長がおかれ、それに資する企業組織は守られる一方で、地域社会や住民が受忍を強いられる構図は、「復興」下で繰り返されている。例えば原発事故後の損害賠償をめぐっては、原因企業である東京電力の破綻処理が回避され、被害者への賠償指針の策定等の枠組みが「加害者主導」で進められてきた（除本，2013）。また産業集積構想が復興の中核におかれる一方、地域の生業への賠償は限定的で、その再生は道半ばである。他方で被害を「風評被害」に焦点化しつつ、「正しい知識」の普及・啓発を目的とした広告・宣伝事業には膨大な資金が投じられ、被害として認定されない被害を生み出している。

　こうした現状は、公害問題の解決過程で生じてきた、被害の「放置構造」（藤川他，2017）と重なる。それは、「被害の一部を切り捨て、問題を軽視することで対策費用を軽減させる仕組み」や、「問題そのものを切り崩そうとする

動き」（事実関係の否認、政治的な意図でわからない部分を切り捨てていこう
とする動きなど）であり、経済成長優先策のもとで「被害やリスクの過小評
価」を生む構造に他ならない。

（2）周辺へのリスク／被害の転嫁

　第二に、周辺にリスクや被害を転嫁し、その受忍を強いる構造である。3.11
原発事故は、沿岸部の過疎地に原発が立地され首都圏に電力を供給してきた日
本国内の〈中心‐周辺〉構造を明るみに出した。恩恵を享受する地域とは異な
るところに、リスクや被害の引受先が策定される構図も、近代日本の開発過程
で歴史的に繰り返されてきたものである。

　四大公害訴訟後の日本では、こうした構図が「公害輸出」として国境を越え
展開された。中でも放射性廃棄物管理規制の厳格化をうけ海外に移転した工場
が現地で公害を生んだARE事件は、公害輸出の典型とされる。マレーシアに
日系合弁企業エイシアン・レアアース（ARE）社を立ち上げた三菱化成はレ
ア・アース（希土類）の生産工場を1982年に操業し始めたが、そこでの放射
性廃棄物のずさんな処理が現地住民の健康被害を引き起こした。住民側と企業
側それぞれに日本の専門家が出向いた裁判で、住民側の主張を認めた現地高裁
は工場の操業停止を命じたが（日弁連, 1991）、企業側は放射性廃棄物の漏洩
と病気等の因果関係を認めず、最高裁判決では会社側の逆転勝訴となる。工場
は後に突然閉鎖され、大量の放射性廃棄物がしばらく放置され続けた。

　日本からアジア各地に進出した企業が引き起こしたこうした公害輸出の事例
は枚挙にいとまがない。末廣（1998）による開発主義の定義、すなわち「個人
や家族あるいは地域社会ではなく、国家や民族の利益を最優先させ、国の特定
目標、具体的には工業化を通じた経済成長による国力の強化を実現するために、
物的人的資源の集中的動員と管理を行う方法」が端的に示すように、アジア諸
国の多くは、日本に比べ緩やかな環境基準を外資誘致の誘因にし、自国の環境
保全や住民の健康と引き替えに急速な経済開発を図った。進出企業は、現地政
府に従ったことを免罪符に環境対策費用を削減し、現地の安価な労働力を利用
した効率化を図り、両政府もこれを看過してきた。国際分業体制下での競争力
強化という大義のもと、国境を越えて周辺におかれる人々の生存基盤に犠牲を

強いて、経済成長は可能となってきたのである。

　この背後には、「戦前のアジアへの軍事侵略に対する賠償が、戦後のアジアへの経済進出の途を開いた」（山本，2018: p.245）こともある。政府主導のODA（政府開発援助）等は、途上国の経済成長に資するものという側面が隠れ蓑となり、現地で生じる問題は表面化しにくい。ガルトゥング（J. V. Galtung）（1991）が構造的暴力の一形態を「中心国の中心と周辺国の中心での『利益調和』によって生み出されるもの」と捉えるように、両国（あるいは両地域）の中心にいる人々の利害が、経済成長という目的のもとに一致し、周辺での犠牲や被害などといった負の側面は共有されにくいからだ。再び浮上してきた日米協力下での次世代原発開発と途上国への輸出は、まさにこの延長上にある。

　このように国内外を問わずリスクを転嫁する周辺をたえず創出しながら、中心での経済成長が追求される構造は、周辺における雇用創出や経済振興、開発援助といった、一見、相手側に便益を与えると思われる仕組みに織り込まれていく。中心－周辺構造は単に平面的な関係ではなく、世界経済システムに組み込まれた垂直的分業関係と密接に連動し、実態としては相補的な支配－被支配関係として機能するのである。

（3）自然支配

　そして第三に、公害問題がそうであったように、生産力拡大と経済成長によって近代化を目指す過程で生じた汚染物や不要物は、自国経済システムの「外部」と見なされる自然界に排出することで「処理」したことにする手法が、経済的に安価な方法として繰り返し採用されてきたことである。

　原発事故によって生じた膨大な汚染廃棄物の焼却処分や、除染で生じた除去土壌の再利用は、環境法体系の整備が見送られたまま、減容化・迅速化を最優先に進められている。こうした「処理」はその地域固有の自然生態系に依拠して暮らす人々の生存基盤（サブシステンス）を破壊するが、被害が経済換算可能な範囲で算定されることで、極めて限定的にしか捉えられない。環境汚染によって人々の生活全般に派生する被害は、世代をこえて地域を支えてきた文化や生の尊厳に関わる問題であるにもかかわらず、「国益」「復興」といった公共

的課題や社会的利益の方が優位と見なされ、地域が受忍を強いられていく。

　開発は、資本蓄積と経済成長を社会発展の主要な指標とする。西欧中心主義的な単線的歴史観に依拠したその眼差しを問うポスト開発論は、生産力至上主義の根本に自然支配の思想があることを指摘する（中野，2010）。それは人間社会にとって有用な「資源」、とりわけ石油などの化石燃料を自然界から際限なく掘り起こす採取／採掘主義（extractivism）と同様に、大量生産・大量消費・大量廃棄を可能とする高度大衆消費社会を支えてきた。

　もとより自然環境に対する人間社会のこうしたふるまいを正当化してきた近代的自然観は、常に外部の創出に依存する資本主義市場経済が孕む構造的問題として、これまでも度々指摘されてきた。資本の本源的蓄積に際し、非資本主義的世界という「外部」が資本の延命のために常に必要であることを述べたルクセンブルク（R. Luxemburg）をはじめ、フレイザー（N. Fraser）（2015）も、前景としての資本主義経済の背景条件には社会的再生産、公的権力、そして自然環境があることを指摘する。またグローバル資本主義経済を重層的な「不可視の経済」領域の支配（自然支配、第三世界支配、女性支配）とそこからの継続的搾取によって成る「生命破壊のシステム」と見るミース（M. Mies）ら（1999）は、そうした生の破壊とは対極のあり方としてサブシステンス視座を提示する。

　今日の地球温暖化や気候変動といった危機は、自然環境から得られる「資源」があたかも無尽蔵であるかのように見たて、世界市場を介してグローバルに創出される周辺からの採取・収奪とそこへの廃棄によって成り立ってきた近代文明社会の行き詰まりの表れである。

　原発事故は、こうした社会発展のあり方を根底から問うたはずだった。しかしその後の「復興」においては、生態系への影響調査などには消極的姿勢を示し、廃棄物を自然界に放出する人間中心主義的「解決」策によって、原発事故を乗り越えたことにするための「処理」が進んでいる。それは自然界を自らに都合よく利用し、自然を人間が支配・操作可能な対象として見る、自然支配の強化に他ならない。

5　おわりに——生命を置き去りにする構造に抗う

　ここまで見てきたように、「復興」は経済成長を自明の国家的課題とした「創造的復興」理念に牽引され、科学技術立国としての威信回復を目指した開発主義的復興となっている。それによって被ばく防護基準の緩和やリスクの個人化、被害の矮小化が進む一方、「復興」は核が生み出す被害ゆえの「克服困難な課題」を、さらなる自然支配に依拠して、「克服可能な課題」へと変換する役割を果たしている。

　原発事故後、「科学的」と称する説明が、科学的不定性や不確実性の問題を覆い隠し、国際的機関の権威を利用しながら安全を示すものとして扱われる一方で、不安や被害を訴える声は科学的知見を欠いているかのように印象づけられてきた。しかし水俣病を踏まえて原田正純が「国家は専門家を素人の踏み込めない聖域に閉じ込めることで権威化、権力化して国家のために活用する」（原田，2000: p.166）と述べたように、公害の歴史において被害を矮小化する過程であらゆる手段が用いられ、そこに専門家や科学者が動員されてきたことも明らかにされてきた。

　高度な科学技術に依拠した近代産業社会において、リスクを予測し管理する専門家・専門知の役割が飛躍的に大きくなることを指摘したベック（U. Beck）も、リスクや社会的に許容される「安全」の範囲を定義する「定義権力」が創出され、これが政治体制を支えていくことを指摘する（ベック，1998）。

　原発事故が招いた放射性物質による被ばくの問題は、これまでの公害問題に比べて不確実性が増し、因果関係の証明が困難であることに加え、核開発に絡むグローバルな権力構造とそれが創出する利益集団の巨大さゆえに、より政治的介入を招きやすい。

　このように国家などの権力をもつ側が、被害を受けた側、従属させられる側の問題状況を定義し、人々の思考様式や被害を認識する枠組みを支配していく構造には、開発主義体制と同様の問題構造がある。ポスト開発論の視点から知と権力が生成する支配構造を批判するエスコバル（A. Escobar）（2022）は、開発を「権力側が形成した言説」であると述べる。そこには統治者の目線から人々の「問題」を描きだし、その「解決」に向けた施策や行為を通して支配を

強める構造があるからだ。同様に、国策の下で生じた原発事故を国家的事業としての「復興」によって克服しようとする時、「復興」の方向性と何を被害と捉えるかの眼差しそのものが相互に補完関係におかれるため、被害者自身による被害の自己定義が困難な状況が作り出されていくのである。

　さらにこうして形作られた「先進的」経験は、単に一国一地域の経験としての意味に留まらず、開発体制下では普遍的モデルとしての意味づけがなされていく。「中心国は他の国が模倣すべきある種の優越した構図を有しており、そしてこの構造のもつ優位性のゆえに、中心国から出てくるものであればどのような考えであれ、特別な正当性があたえられることになる」からだ（ガルトゥング，1991: p.100）。

　福島復興の中核とされるイノベーション・コースト構想は、原爆被害を背負った人々や風下住民の被ばく被害に一切触れずにハンフォードをモデルとして描く。このことは今後同様の原子力災害が起きた時、現在進行中の「復興」が原発事故からの「福島復興モデル」とされる可能性を示唆するものである。

　このように、被害を生み出した構造が再生産されていくのを、いかにして乗り越えられるだろうか。被害を矮小化し、生命を置き去りにする構造に抗い、「復興」の下で見えなくされていく被害を可視化するためには、生活者の言葉で被害を語り、文化的・歴史的に地域の人々の暮らしを支えてきた自然環境に根差した土着の知や、市民科学的実践とネットワークを通じた情報の共有など、国家と資本に回収されない連帯が極めて重要な意味を持つ。それは現在の被害の不可視化に抗うために不可欠であるばかりでなく、どこかで同じ被害を生む加害構造に加担しないためにも極めて重要なのである。

＊追記：本章は、JSPS 科研費 17K12632 並びに JSPS 科研費 22K12561 による研究成果の一部です。

注

1）政府の原子力災害専門家グループ酒井一夫委員報告「場の線量から人の線量へ」（第38回会議，2013年4月8日）。

2）和田（2023: pp.2-4）、また「イノベーション・コースト構想を監視する会」ウェブサイトを参照（https://finnovaw.blogspot.com、最終閲覧日：2023年8月末日）。経済安保法

ならびに軍事研究との関係については、吉田（2022）。

3）「廃棄物その他の物の投棄による海洋汚染の防止に関する条約」1972 年採択、日本は1980 年に締結。第 35 回締約国会議は 2013 年 10 月 14 ～ 18 日開催。

4）横山（2004）は開発主義を「開発を諸政策の最優先目標に掲げて国家的総動員をはかるイデオロギー」と定義する。

参考文献

石井由美子（2021）「福島県における野生動物の放射性セシウム汚染」日本自然保護協会（2021 年 3 月 3 日）https://www.nacsj.or.jp/2021/03/24766/（最終閲覧日：2023 年 8 月末日）。

宇井純（1985）「総論――公害原論」林武・宇井純編著『技術と産業公害』国際連合大学。

エスコバル、アルトゥーロ（北野収訳）（2022）『開発との遭遇――第三世界の発明と解体』新評論。

ガルトゥング、ヨハン（高柳先男他訳）（1991）『構造的暴力と平和』中央大学出版部。

環境省「野生動植物への放射線影響に関する意見交換会」要旨集（2012-2014 年度）、同「野生動植物への放射線影響に関する調査研究報告会」要旨集（2015-2022 年度）。

クライン、ナオミ（幾島幸子・村上由見子訳）（2011）『ショック・ドクトリン――惨事便乗型資本主義の正体を暴く（上・下）』岩波書店。

塩崎賢明（2014）『復興〈災害〉――阪神・淡路大震災と東日本大震災』岩波書店。

鳴原敦子（2020）「宮城県における農林業系放射性廃棄物処理の現状と課題――自治体アンケート調査を通して」東北大学農学研究科『農業経済研究報告』第 51 号。

清水奈名子（2017）「被災地住民と避難者が抱える健康不安」『学術の動向』第 22 巻 4 号。

東海林吉郎・菅井益郎（1985）「第 1 章足尾銅山鉱毒事件」林武・宇井純編著『技術と産業公害』国際連合大学。

末廣昭（1998）「発展途上国の開発主義」東京大学社会科学研究所編『20 世紀システム 4 開発主義』東京大学出版会。

東電福島原子力発電所事故調査委員会（2012）『国会事故調報告書』徳間書店。

中野佳裕（2013）「3.11 後の開発学の方向性――開発倫理学を再フレーミングする」宇都宮大学国際学部付属多文化共生センター『福島乳幼児・妊産婦支援プロジェクト報告書』pp.146-153。

日本弁護士連合会編（1991）『日本の公害輸出と環境破壊――東南アジアにおける企業進出と ODA』日本評論社。

日本霊長類学会 HP「放射線被ばくが野生動物に与える影響調査についての要望書」（2018年 11 月 7 日）https://primate-society.com/news/181108.html（最終閲覧日：2023 年 8 月末日）

羽山伸一（2019）『野生動物問題への挑戦』東京大学出版会。

原田正純（2000）「専門家による『負の装置』」栗原彬他編著『装置――壊し築く（越境する知4)』東京大学出版会。

福島・国際研究産業都市構想研究会（2014）「福島・国際研究産業都市（イノベーション・コースト）構想研究会報告書――世界が注目する浜通りの再生」。

藤川賢・渡辺伸一・堀畑まなみ（2017）『公害・環境問題の放置構造と解決過程』東信堂。

復興構想会議（2011）『復興への提言――悲惨の中の希望』。

プリティキン、トリシャ・T（宮本ゆき訳）（2023）『黙殺された被爆者の声――アメリカ・ハンフォード　正義を求めて闘った原告たち』明石書店。

フレイザー、ナンシー（竹田杏子訳）（2015）「マルクスの隠れ家の背後へ――資本主義の概念の拡張のために」『大原社会問題研究所雑誌』第683・684号。

ベック、ウルリッヒ（東廉・伊藤美登里訳）（1998）『危険社会――新しい近代への道』法政大学出版会。

山下祐介（2017）『「復興」が奪う地域の未来』岩波書店。

山田文雄・竹ノ下祐二・仲谷淳・河村正二・大井徹・大槻晃太・今野文治・羽山伸一・堀野眞一（2013）「福島原発事故後の放射能影響を受ける野生哺乳類のモニタリングと管理問題に対する提言」日本哺乳類学会『哺乳類科学』53(2)。

山本義隆（2018）『近代日本一五〇年――科学技術総力戦体制の破綻』岩波書店。

除本理史（2013）『原発賠償を問う――曖昧な責任、翻弄される避難者』岩波書店。

横山正樹（2004）「開発主義の近代を問う環境平和学」郭洋春・戸崎純・横山正樹編『脱「開発」へのサブシステンス論（環境を平和学する！2)』法律文化社。

吉田千亜（2022）「閉ざされた土地――原発被災地と『軍事研究』の距離」『世界』岩波書店、2022年7月号。

林野庁「放射性物質の現状と森林・林業の再生」2018年度版、2022年度版。

和田央子（2023）「福島イノベーション・コースト構想とハンフォード」『こどけん通信』vol.29, 2023年9月秋号。

Bennholdt-Thomsen, Vernika and Mies, Maria (1999) *The Subsistence Perspective: Beyond Global Economy*, ZedBooks.

第3章
福島県中通りにおける地域住民の闘い
―放射性廃棄物処理問題をめぐって―

藍原　寛子

1　はじめに

　筆者が暮らす福島市が含まれる中通り地区[1]（以下、「中通り」）は福島第一原子力発電所から直線距離で50〜80キロ圏以西に位置し、福島第一原子力発電所事故（福島原発事故）以降、伊達市と川俣町の一部を除いて避難指示区域に指定されなかった。そのため、多くの住民は避難せずにそこで暮らし続けた。しかし福島原発が立地する浜通りと同様に、広範な放射能汚染が起き、自治体や住民は影響の軽減に向けて対処を迫られた。

　その政策の代表的なものが、放射能で汚染された庭の土や木々や落ち葉をかき集めたり、建物を洗い流すなど物理的な作業を伴う「除染」だ。除染作業で集められた除染廃棄物は、黒いフレキシブルコンテナバッグに入れて保管されたり、焼却処分されたりした。放射能廃棄物は高い放射線量となったものもあった。その処理をどうするか、という次の問題も生んだ。

　対策としては、8000ベクレル／kgを超える指定廃棄物[2]は、双葉、大熊両町の福島第一原発に隣接する土地に国が新たに建設した「中間貯蔵施設」[3]へ運ばれ、8000ベクレル／kgを下回る廃棄物は、試験焼却などの処理が行われた[4]。除染廃棄物は膨大な量となり、中間貯蔵施設への運び込みなど次の処理段階に進むまでは、それぞれの地域にある仮置き場や、住民の民家の敷地内、学校の校庭の地下に埋設された。中通りの各地では、数年間、除染廃棄物が生活圏内へ仮置きされた。個々の民家で「除染」が行われた一方で、除染廃棄物の集合体が人々の日常の生活圏を占有するという出来事が起きた。

　本章では、県庁所在地である人口約29万人（事故当時）の福島市と、同市に隣接する人口約6万人（同）の二本松市という中通り北部地域の2市・3地

区において、除染廃棄物の仮置き場設置や処分を巡り、住民の反対運動が起き、その結果、設置計画を撤回させた抵抗運動を紹介する。その運動を通して、原発事故後に放射能汚染された地域の住民がいかにして自らの意思を表示し、同意を取り、仮置き場設置に関して自己決定権を行使したのか、また、同様の課題を抱える他地域との共闘や連帯が生まれた状況も分析する。

　本論に入る前に、原発事故で発生した放射能で汚染された廃棄物の処分に関する法令を簡単に確認する。2012年1月、除染、放射性廃棄物などの処理について定めた「放射性物質汚染対処特別措置法」が施行され、各地で処理が始まった。

　同法・ガイドラインの特徴は、地域（エリア）を定め、誰がどのように除染・処理するかを定めたことだ。著しく汚染された大熊、双葉、浪江、飯舘など11町村（これらの地域はほとんどが避難区域に指定され、住民がいない状態で除染が行われた）を「除染特別地域」と定め、国が直轄で除染することになった。

　それ以外の地域で空間線量が0.23マイクロシーベルト／時以上に汚染された地域、例えば後章で登場する福島市、二本松市などは、「汚染状況重点調査地域」になり、自治体が除染・処理することになった。この地域はほとんどが避難地域に指定されなかったため、人々が暮らし続ける中で除染が行われた。地域ごとに順々に除染を行ったため、同じ市内でも除染完了までに数年のタイムラグが生じたところもあった。また中には、自ら選択して市外や県外に避難した住民[5]もいる。

　原発事故後、人々の生活圏に降り注いだ放射性物質を、除染によってひとまず身近なところから引き離そうとした政策は、大量の放射性廃棄物を生じさせるということになり、保管場所の不足を生じさせた。

　また政府は法律により、原発サイト以外の場所では、サイト内の80倍も高い基準（8000ベクレル／kg未満）の汚染物質の存在を可能にし、その処理は自治体が判断することを定めた。これによって各自治体とその住民に仮置き場や処理をどうするかが任される（丸投げされる）ことになった。

　本章では、国直轄で除染・処理が行われない地域で、8000ベクレル／kg以

下の放射性廃棄物の仮置き場と処理をめぐる住民の運動の様子を議論する。

2　除染廃棄物処分をめぐる住民の抵抗運動

（1）事例1：福島市庭坂地区

　最初の現場は、福島市の西部に位置する庭坂地区だ。ここでは、地域住民で熟議を重ね、行動を起こして問題点を訴え、福島市に除染廃棄物の仮置き場設置計画を撤回させた。仮置き場が計画された場所は福島地方水道企業団の「中央部受水地」[6] だ。

　この受水地は、福島市民約 27 万 5000 人（2023 年現在）のうち、4 割に当たる 11 万人の飲用水を貯める施設になっている[7]。歴史をたどると、かつては地元で農林業を営む有力者が所有する私有地だったが、受水池建設にあたり「地元の人たちのためになるなら」と市に売却。現在は市所有の受水池として活用されている。地下に飲用水を貯める巨大タンクを設置、地上部分には、市の公園緑地課が管理する野球場ほどの芝生の多目的広場が整備された。地域住民は身近な公園として、散策や憩いの場として活用している。ところが 2015

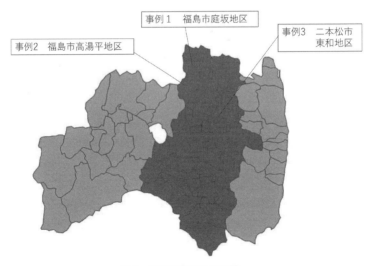

図1　福島県中通りの地図

年、この広場が、地域内の道路を除染した後に出る除染廃棄物の仮置き場となる計画が浮上した。

　福島市で育ったＡさん[8]はその後、仕事等の関係で県外で生活したが、東日本大震災後の2014年からこの受水池の近くに住み始めた。普段から我が子と一緒にこの広場で遊んでいたが、仮置き場になる計画は寝耳に水だった。知ったきっかけは、回覧板を読んだ近隣の人から「市の説明会が開かれる」と聞いたことだった。

　説明会に参加してみると、出席した住民はわずか20人ほど。当時、市は市独自の除染計画「福島市ふるさと除染実施計画」[9]に基づき、市内各地に、その地域で出た除染廃棄物を置く仮置き場の設置を協議し、住民への説明と同意を諮っていた。同計画では、市役所・支所に事務局を置いて、地域の代表者（町内会連合会の役員、自治振興協議会の役員、ＰＴＡや地元の企業など）による「除染対策委員会」を立ち上げ、そこで具体的な仮置き場の場所を決定するという政策決定過程を定めていた。つまり、市の提案を踏まえながら、住民が自分の地域のどこを仮置き場にしたらいいかを、自分たちの手で決めていく──という政策手続きが定められた。

　さて、その説明会では、Ａさんも含めて数人が、「飲み水を貯める受水地の上は良くない」「他の場所にも可能性はあるだろう」「そんなに早急に決める必要はない」など、拙速を避けるべきだとの意見を次々に述べた。結局、市は後日、再び説明会を開催することとして、その日は結論に至らなかった。

　「周囲に住民が少ない広い市有地に除染廃棄物を仮置きするということは、一見、合理的に見えるかもしれない。だが、受水池の上に除染廃棄物を保管することは、自分たちを含めた福島市民の飲用水に影響が出る可能性がないのかどうか。それらのデータや分析が示されることもなく、わずか20人程度の会議で、これほど重要なことを決めてしまおうとしている状況を考えた時、やはり問題が大きいと思った」とＡさんは話す。

　その後、Ａさんは、説明会で反対意見を述べた人とともに、「地区内でこの計画に問題があると考える人がどれだけいるのか」を知ろうと、地域で署名活動を開始した。同時に、この問題を多くの人に知ってもらおうと新聞に投稿した。

二回目の説明会では、大きく３通りの人が参加した。一つは、Ａさんのように、仮置き場の決定が行政側の一方的な決定であると感じ、その政策過程に疑問を持つ人々。そしてもう一つは、将来、仮置き場の事業を請け負うと思われる地元の建設業者の社員、いわば賛成側の人たち。この人たちは、説明会で疑問を呈する住民に対してヤジを飛ばしたり、意見を封じたりする発言を繰り返した。三つ目が、揉め事に巻き込まれたくないと沈黙する人々だった。

　Ａさんらはその三つ目の沈黙する人々に焦点を当て、理解や共感を広げようとある取り組みをした。それは、仮置き場の問題を学んで知識を得ることと、意見を交換しながら、やがては住民意思を統一していく場——つまり、熟議と意思形成・統一の場を設けることだった。住民に声を掛け、近所の集会場を使って、自主的に集まった。同時に、署名活動を展開し、仲間の掘り起こしを行った。

　「署名集めをし始めて間もない頃、勉強会への参加者は30人ぐらいでした。思った以上に参加してくれました。全員に発言してもらったら、一人一人に意見があって、頼もしいのですよ。こっちは自分の家の近くの出来事だから、と思って始めた反対運動でしたが、同じように思っている人がいることが分かって、なおさら頑張ってやりましょうっていう気になりました」という。

　一家の代表で来た50代、60代の男性だけでなく、女性もいた。その割合はおおむね男性２に対して、女性１で、勉強会の場では女性も遠慮することなく自分の意見を述べた。

　Ａさんは福島市で育ったが、この問題が起きる前年に庭坂地区に住み始めたばかりで、ある意味では「よそ者」だった。「人間関係にしがらみがないから、言いたいことが言えた。そして長く住んでいる地元の人からは、『こんな田舎に家族と暮らしている大学の教員は珍しい』と、『内部の人』として信頼もしてくれた」とＡさん。

　この活動の中で、長年にわたり代々地元に住んでいる地元の造園会社経営のＢさんと知り合いになった。Ｂさんの先代は受水池用地を市に提供した篤志家で、「仮置き場にするために土地を市に提供したんじゃない」と憤慨し、Ａさんとともに反対運動の中心人物の一人になっていった。

　こうした人々の連携で署名用紙が地域を回り、Ａさんらが「かなり良い反

応。相当の署名が集まりそうだ」と感じていた時、市役所から連絡が入った。内容は「受水池への仮置き場設置は断念する」というものだった。

　実はこの間、別のルートでも動きがあった。「市民の水がめ」が仮置き場になることを懸念した、水を使う地元の事業者から、大場秀樹県議に「庭坂の受水池が仮置き場になれば、風評被害が起きて、産業に影響が出るのでは」という訴えが寄せられた。その事業者は実際にはこの受水池から水を供給されてはいなかったが、受水池の地上部分が除染廃棄物置き場になれば、「風評被害」として商品が敬遠されてしまうのではないかという疑問があったという。その直後に、Ａさんも大場県議と会い、事業の問題性はもとより、地元住民の意見が政策に反映されず無視された問題をあげて撤回の必要性を訴えた。

　その後、大場県議は、他の県議と一緒に小林香福島市長（当時）との懇談会に出席した後、二人きりでこの問題について話をする機会を得た[10]。すると小林市長は「それは大変だ。撤回する必要がある」と語り、地域を管轄する支所長から情報をあげさせ、確認をして計画撤回を判断した。

　Ａさんのもとにはのちに、市議や県議などから、「メディアで取り上げられたことで、県や市が敏感になり、結果として計画を断念させる大きなきっかけになったようだ」という情報が入った。市は代わりの仮置き場として、地域を流れる清流「天戸川」を候補に挙げたが、こちらも断念。結局は、私有地の畑を借りて仮置きすることになった。現在はその除染廃棄物は大熊町の中間貯蔵施設に運ばれている。

　この経緯について福島市水道局は「吾妻支所（除染施設整備課）から吾妻地区における道路除染を推進するためには、同地区内に仮置き場が必要不可欠であるが候補地が見つからずに停滞している。そこで、同地区にある水道局の所有する多目的広場に設置することはできないかとの提案を受け」たと、提案を受けた立場として、「水道水の安全性が十分に担保されることなど諸条件を付与した上で協議を開始した」という。「その後、吾妻支所から同案について廃案とする連絡があり、それについて水道局は承諾した」と筆者に回答した[11]。

　「やっぱり、早めに動いたのがよかったと思う。業者が選定された後では、住民から異論が出ても、市が計画を撤回するのは難しかっただろう」とＡさん。

そして「町内会は任意団体でありながら、市や行政は公的な役割を担わせている。ところが日本の行政は、個々の市民や町内会全体にきちんと情報を伝達しその意見を聞くのではなく、町内会長に伝達・説明しただけで『意見集約が図られた』と、慣習的な手続きの正当性を担保するプロセスに町内会を位置付けてしまっている。ところが、実際のところは何の法的根拠もない。日本における草の根民主主義や平和主義について省みる機会にもなった」と語る。

　「福島の外部の安全地帯から、福島のことを同情したり論評したりしても、いざというときに、地元の住民と外部の人とで立場の違いが出てしまうのが、放射線の問題。運命共同体というわけではないが、地域に生活の軸足を置いているというのは、地元で何かを言うにしても、説得力と信頼度が増すのだと知った」という。

　それまであまり関心が払われていなかった公共スペースとしての受水池広場。そこが除染廃棄物の仮置き場が計画されたことで、住民のつながりや、行政に対する意思表示、問題を学び意見を交わす場が生まれた。実体としての場の喪失という切迫した危機の前で、身近な場で「熟議の場」が生まれたということができないだろうか。

　その後、福島市内では住宅や学校の除染で出た除染廃棄物が、その敷地内（民家の庭や学校の校庭など）に埋設され、「仮・仮置き場」となった。その廃棄物は 2018 年までに撤去され、浜通りにある中間貯蔵施設へと運ばれた。除染廃棄物の広域運搬が妥当な政策と言えるのか疑問を抱いた A さんが市に問い合わせたところ、「（自宅敷地に）埋設していても構わないが、埋設物があることは記録され、相続した子が将来的に土地を売買する際、その土地の購入希望者に明示されなければならない」という説明を受けた。

　除染廃棄物を中間貯蔵施設に運んだり、市の処理施設で焼却処分したとしても、放射能、それ自体が消えてなくなるわけではない。東京電力は、原発は「『止める、冷やす、閉じ込める』という考え方で安全を確保するように設計されている」[12] と原発事故の教訓を述べる。原発事故後、制止が利かなくなった放射能の一部である除染廃棄物が他地域に拡散されるのを防ごうと、自宅に除染廃棄物を「閉じ込めて」おこうと個人の努力で取り組んだとしても、除染廃棄物が自らの土地に残ることが半永久的に文書に記されてしまう。結局、除

染廃棄物問題の残置問題は形を変えて次の世代に先送りされるだけ。原発事故そのものが広範に世代間の対立を生む可能性を抱えたまま、住民は放射能汚染後の地域社会を生きている。

（2）事例２：福島市高湯平地区

　福島市内でもう１ヶ所、住民や土地所有者、自然保護団体による地元の人々を軸にして、放射能汚泥の「仮置き場計画」を白紙撤回させた地区がある。それは福島市の西側にそびえる吾妻小富士の麓、高湯街道添いに整備された別荘地高湯平での出来事だ。近くに高湯温泉街があり、四季折々の自然が楽しめることから、主に県外の人々が戸建ての別荘を所有していた。別荘地内には住宅を分譲した会社による管理事務所がある。この会社の初代社長が、別荘所有者との協議なく管理費を値上げするということが起き、所有者や住民による「高湯平別荘を守る会」が結成された。この会はその後「高湯平クラブ」と名称を変え、秋の芋煮会や地域でのヤマツツジの再生など、地域の活動も行う親睦会へと変わった。

　NHKの番組ディレクターとして長崎や沖縄、大阪、東京などに赴任し、硬派なドキュメンタリーだけでなく、インタビュー、ドラマ、歌、お笑いなどの番組を制作し、定年後は出身の福島市に戻ってきた根本仁さんは、時々その会に参加し、やがて副代表として、会員のまとめ役を担うようになった。

　2014年11月末、管理会社の二代目社長の岡地明氏が慌てて根本さんに相談をもちかけた。「吾妻支所の支所長が、高湯平別荘地近くの福島市在庭坂字中ノ堂に除染廃棄物の仮置き場の建設計画を説明に来た」。すでに11月25日に吾妻地区除染対策委員会で仮置き場の設置が承認された、という。高湯平の別荘地は、池に溜めた山水を飲用水や日常用水として活用しており、「仮置き場」の計画地は、溜池のすぐ上の山林地帯だった。このため、飲用水に影響する可能性が心配された。前項の庭坂地区の中央部受水地と同じである。

　また、山裾を走る高湯街道やその周辺の道路は、雨が多く降ると土砂崩れや落石の常習地帯で、大雨の後には高湯街道が通行止めになることもあった。そうした自然環境を考えると、別荘地のそばに設置する建物内とは言え、フレコンバッグに入れた除染土を大量に置けば、自然災害の時、漏れたり破れたり、

放射能による再汚染の原因になってしまう。また、フレコンバッグを置くために山の木々を大量に伐採して平場を確保する必要があり、その影響で一部国有林を含む対象地域に生息する希少な動植物たちが絶滅してしまう可能性があった[13]。

　根本さんは仮置き場建設反対の運動を始めることを決め、30人の地権者・別荘所有者を中心とする「吾妻山に放射能汚染汚泥を持ち込ませない福島の会」を結成して代表になった。そして「他に、誰と組むか」を考えた。一人目は、岡地氏。当時、高湯平には町内会がなかったため、急いで「高湯平町内会」を結成し、岡地氏はその町内会長に就いた。市と交渉する最小単位の窓口が町内会や区長会であることを逆手に取り、交渉窓口としての町内会を自分たちの手で設けたのだった。

　二人目は福島県自然保護協会会長の星一彰さん。根本さんが計画を知る少し前から情報をキャッチしており、2014年12月4日には、小林香市長（当時）に対して、計画を撤回するよう要望書を出していた。仮置き予定地は、磐梯朝日国立公園に隣接し、絶滅危惧種であるトウホクサンショウウオや猛禽類の生息地に近いこと、麓の庭塚地区の農業用水等の水源地になっていること、吾妻山の火山活動がレベル2に引き上げられており、火山活動が影響を受けた場合の被害予測と対策マニュアルが必要だということ、保安林を伐採してまでこの地を仮置き場にせずとも他に適地があるのではないか——というような内容だった。

　2015年4月、根本さんらは、この3団体の連名で、署名活動を開始。アンケートも行った。社会運動に詳しい元教師の星さんの教え子の男性のアドバイスを受けながら、全国展開で行うことを決めた。その進め方はユニークで、全国47都道府県各々に最低でも一人の署名者がいれば、「全都道府県から署名が寄せられた」という形の実現を目標にした。2016年6月までに3度に分けて署名を福島市に提出[14]して、ついに全都道府県制覇を達成。最終署名総数は6166筆に及んだ。

　この間、計画に反対する人たちとのつながりも生まれた。地元の酪農家の女性や一部の水利組合員も仮置き場設置に反対。この女性は、仮置き場が農業用水などに与える影響を分かりやすく地図に示した資料を作成して関係者に配布

したり、農家を中心に 556 世帯の署名を集めて、反対・白紙撤回を求める内容の要望書を市に提出していた。根本さんはその女性から情報をもらったり、署名として市役所に受け取らせるには、署名者のどのような情報が必要か、などの要件についてもアドバイスを受けた。

　「岡地さんも、星さんも本気でこの問題に取り組んでいた。やっている途中は『どこまでいけるか分からないが、とにかくやっていこう』ということで一致していた。市も十分な説明を行わず、建設したい人たちは理不尽なことをやってくるかもしれない。だが、署名活動や要望書提出など、正統に、相手の嫌がることを突くしかないと思っていた」と根本さんは当時を振り返る。根本さん自身、原発事故に伴う国の責任と被害の賠償を求める裁判「生業を返せ、地域を返せ福島原発訴訟」（＝生業訴訟）の原告でもあり、裁判を通じて運動の仕方も知っていた。自らの体験を、仮置き場反対運動にも役立てた。

　そしてついに、この問題が発覚してから 1 年 7 ヶ月後、第一次署名提出からちょうど 1 年後の 2016 年 6 月 30 日、福島市除染推進室・除染施設整備課長から、根本さんらに高湯平の「仮置き場計画」を白紙撤回するという電話が入った。その連絡を受けて活動してきた住民は、撤回計画を文書で出して欲しいと要望。「当該仮置き場（高湯平）設置に向け進めて行くことが困難であることから断念することを説明し、了承されましたのでお知らせします」と明記された行政文書が根本さんらに届いた。

　しかし、そもそも、希少な動植物が生息し、国立公園の隣接地である高湯平で、なぜ仮置き場建設計画が浮上したのか、疑問が残る。根本さんは、その背景には、山林の汚染がひどかった一方で、国・環境省が山林を除染しないと決めたことが要因になっているのではないか、と推測する。

　山林は原発事故で汚染されたため、木々を活用することも山菜を採ることも人々が山に入ることもできなくなり、山を売るとしても二束三文の値段になった。放射能が降下した広大なエリアの土地は「市場価値のない土地」になった。そこを見越して、業者が次々に山を買い占め、仮置き場や太陽光発電（メガソーラー）、風力発電などの設備を建設して、別の利益を生み出す投資事業を展開している。それは、一方で山林の乱開発であり、今後、さらに加速していくのではないか──というのだ。筆者には、森林の放射能汚染と、山林除染の

限界が、人的な自然の乱開発につながるという、原発事故の被害の別の側面が顕わになったと見える。

　「今回のことで学んだのは、一番はやっぱり足元（＝地域、地元）のつながり、活動の大切さ。足元同士でつながり、反対運動をスタートさせること。そして、少しでも押し返す。勝てなくても押し返すこと。闘わなかったら、奈落の底に落とされるから」。

　放射能に汚染されても、森林とそこに生息する動植物、水系保護に向けて動いた根本さんたちの活動は、市場価値で計られる生活圏域の「原発事故後の価値低下」への異論と自然環境を守りたいという住民の意思を政策に反映させるための行動、つまり住民主権を取り戻すための闘いだった。

　2023年9月、実は自然環境を保全する闘いはまだ続いている。

　2020年以降、この吾妻山山麓で複数のメガソーラーの開発計画が浮上した。山肌は茶色の土地が露わになり、約15キロ離れたJR福島駅の新幹線のホームからもその山肌がクッキリ見える。福島県議会、福島市議会でもこれらのメガソーラー問題が取り上げられた。

　A社のホームページにはこう記されている。「福島県の復興に貢献できることを嬉しく思います。（中略）プロジェクトの用地は、着工前は耕作放棄地で、生産性のない土地でした。（中略）2011年の東日本大震災で甚大な被害を受けたこの地域で、地域社会と地域経済の活性化に貢献できることを誇りに思います」。「生産性のない土地」を、市場利益を生み出す「生産性のある土地」へと大規模開発することで、「福島の復興に寄与する」というロジックが生まれているようにうかがえるが、そこに住民の意見がどう反映されているのか不透明だ。

　根本さんは「環境影響評価準備書」説明会に複数回出席し、質問と意見を述べた。2020年1月21日付『福島民友』[15] は「多くの住民から『森林伐採で地形が大きく変わり、災害発生の危険性が高まる』などと建設中止を求める声」「住民からは『森林伐採で動植物の生態系や里山の生活も変化する。農作物にも被害が出る可能性がある』などの意見が出た」と報じた。福島市長は2023年8月、市民の心配の声を受けて「ノーモアメガソーラー宣言」を発表した。

　仮置き場問題にメガソーラー。立て続けに開発者側がいう「生産性のない土

地」が「復興のため」に「活用され」ようとしている。その土地で生活している根本さんたちの闘いは、「誰が、その土地の価値を決めるのか？」という大きな問いとともに、自然環境や動植物の生命、そして地元の人々の日常生活が変えられ、潰され、消滅させられていくことに抵抗し、住民の自己決定権を取り戻そうという動きになっている。

（3）事例3：二本松市東和地区

　県庁所在地の福島市と、商業都市郡山市のほぼ中間地点に位置し、阿武隈高地に位置する中山間地域・二本松市の東和地区（旧東和町）。ここでは2度にわたって、除染廃棄物の仮設焼却炉建設問題が浮上、住民の反対運動が起きた。

　発端は2014年11月、環境省が二本松市議会に対して「可燃性廃棄物減容化事業」（除染廃棄物を燃やして減容化する）を説明したことだった。12月には候補地「夏無沼自然公園」の地元・針道地区で説明会が開かれ、250人を超える住民が詰めかけた。ここでは「なぜ夏無沼の公園なんだ」「東和小学校まで直線でわずか2キロ。放射性物質を燃やした煙は本当に大丈夫なのか」と、父母から年配の人まで、次々と環境省職員に質問を投げた。原発事故以降、子どもたちを守るために避難したり、放射性物質を測りながら農作業を続けたりと、困難のなかで暮らしてきた住民は、焼却処分に不安と怒りを感じていた。この後、反対する住民は、自然保護活動や有機農業に関わる住民と学校の保護者を中心に「夏無沼と東和の環境を考える会」を発足。学習会と署名活動に取り組み、2015年2月には建設撤回の署名7541人分を環境省と二本松市に提出した。

　ところが翌年の2016年6月、東和地区4ヶ所で説明会が開かれ、沼の下流の民有地を候補地とするとの説明がなされた。どの会場も100人ほどの住民が集まり、今度は建設推進と反対、双方の意見が飛び交った。「除染を進めるためには焼却場が必要だ」との推進派の声も上がり、住民の分断は明らかだった。7月29日、新野洋二本松市長（当時）は環境省に受け入れを表明し、覚書を締結。反対する農家の一人、菅野正寿さんは「住民の不安と多くの反対署名を無視して強行したことは民主主義にも反するものだった」と憤る。地域だけでなく市内でも議論が起き、新野市長は翌年の市長選挙で落選した。

　この出来事から2年半後の2018年12月、環境省は県内の除染で出た汚染土

壌を公共事業の建設資材として再利用する環境省事業「汚染土壌再利用実証実験」を、二本松市原セオ木地区で行う計画として二本松市議会に提示した。

東和地区での焼却場建設が強行された経緯から、反対派の住民により「みんなでつくる二本松・市政の会」（略称・「みんなの会」）がつくられ、菅野さんが事務局長に就いた。今回も「市議会に示されるまで地元を含め住民には全く知らされなかった」という。みんなの会が実証実験反対の活動を開始すると、市議会への素案提示の3ヶ月前・2018年の9月に環境省は、原セ地区行政区の21世帯を対象に説明会を開催、わずか9人しか出席していないのに、「同意が得られた」として、実施に向けて動き始めていたことが後で分かった。みんなの会は、三保恵一市長に対して受け入れしないよう申し入れた。同時に、住民による白紙撤回を求める署名運動も始めた。

そんな時、韓国から来日し、原セ地区で牧師を務める女性が反対住民の集まりの中で積極的に発言した。「教会は原セ地区にあるが、私たちには何の説明もなかった。原セ地区では誰も同意も了解もしていない。それで事業を進めるのは大問題だ」と憤った。菅野さんは「海外から来た女性の方が『おかしい』とキッパリ声をあげたことで、みんながハッとした」という。

その後は、多くの人にみんなの会への活動に参加するよう呼びかけたり、手作りのチラシを作成・配布。今、何が問題になっているか、を他の住民に伝える活動を地道に続けた。「一部地域の問題ではなく、市や市民全体の問題だということを伝えられた」と菅野さん。

特にユニークなのは、のぼり活動。関心のある人からカンパを集めて、「STOP！　汚染土再利用　ふるさとを汚すな！」という黄色と放射能マークを基調としたオリジナルデザインののぼりを100本作った。農家は、自分たちが所有する田畑や農業施設に立て、また市民は自宅の玄関にそれぞれ掲げ、問題を広く市民に知らせつつ自らの反対の意思を可視化させた。同時に、のぼりを掲げた家々が増えていくと、共に抵抗する人々同士の連帯意識が強くなった。

環境省に対しては、地元の原セ地区だけでなく、広く全市民を対象とした説明会を開くべきだと申し入れた。2019年4月には住民説明会が開かれ、そこには100人が集まった。男性だけでなく女性からも反対意見が多数集まった。また、環境NGOのFOE Japanのスタッフや、ジャーナリストを招いた勉強

会を開催し、そこにも住民に来てもらって理解を深めてもらった。集会や勉強会を開催するごとに、会場での署名活動も並行して展開し、署名は5万2000筆が集まった。結局、三保市長は住民の意思を理解し、環境省に対して計画中止を連絡した。菅野さんは「12月の議会から半年でこういう動きができてよかった。とにかく、短期決戦が重要。だらだらと取り組んでいくと疲れるし、その間に推進派が作られてしまう。先手を打って取り組むことが大切だ」という。

3　考察

（1）各地の運動の分析

　以上、中通り北部の3地区における放射性廃棄物の仮置き場・処分施設建設問題と地域住民の闘いについて見てきた。これらの地区に共通する問題点と活動の特徴を考えてみよう。

　まずは最も身近で基礎自治体である「市」との関係性を考えてみる。いずれの地域も、市が仮置き場や処分場施設をどこにするかという検討の段階では住民に情報が行き渡っていない点が挙げられる。スタートの段階からすでに情報の非対称性が起きた。本来ならば、こうした情報格差を解消するため、未確定の段階から迅速に地域に情報をもたらす役割として、市民により選ばれた市議会議員、また地区住民で選んだ町内会長や区長の活動が期待されるところだが、3地区のキーパーソンへのインタビューでは、ほとんど姿が見えてこなかった。

　また、地域の問題や市政のあり方を議論する会議体として、福島市の場合には市長や市職員幹部、市議らが住民と直接対話する「地域振興協議会」[16]があり、ここが熟議の場となるべきだが、実際には市民が要望を述べる場として形骸化している。こうした熟議や勉強、情報を集約する場を住民自らが開設する必要に迫られた。

　さらに、市が一旦内定した仮置き場設置計画について、市民が意見を述べて変更させるのは「問題がある」とする根拠の理論構築に加え、「マス」としての市民の合意形成、費用や時間が必要になるなど、非常に高いハードルであることが挙げられる。

各々の地区の反対住民らは、こうした課題に対して、①既存の政策決定の
キーパーソン（市長や議員、町会長や区長）へのアピールと働き掛け、②メ
ディア、インターネット、SNSの活用などによるマス（大衆）からミニ（個
人）までにわたり、問題提起と連帯の呼びかけ、③署名運動、要望書提出、の
ぼり掲示、チラシ配布など、具体的なアピール行動による問題と運動、活動す
る個人の可視化、④住民の学習会や意見交換会による熟議と合意形成、またそ
の議論の場作り、⑤反対に向けた活動団体の結成、⑥市外で同様の問題を抱え
る地域の住民との連帯・ノウハウ共有──といった活動を草の根で展開して対
応した。

（2）構造的な放射能汚染と被害、それに対抗する住民運動の永続性

　放射能による環境汚染は、構造的で複合的な被害を生む。場合によっては、
その被害は永続性をはらみ、世代を超えた被害影響を生む。それは歴史上も広
島や長崎の原爆被害の教訓でもある。福島原発の被害住民がそのような歴史的
教訓を踏まえて、今後どのように対処していくのか。ミクロな住民運動の現実
から、住民の権利と被害回復運動を再定義することは重要であると考える。

　一方で現実を見てみると、住民の間で議論も運動もできず仮置き場となった
地域の方が圧倒的に多い。行政は住民の意向を把握できず、また住民自身も自
己決定権があることすら理解できずに「復興」の名の下で受け入れる（しかな
かった）地域や住民たちがいることも事実だ。やはり構造化された暴力の中で、
自ら思考することを断念・放棄させられたり、住民の意思決定の範囲が狭めら
れたりすることで、国・自治体への依存度が増し、さらなる自己決定権の弱体
化や消極的な放棄が起きているとも言える。原発事故被災地の中で、果たして
自己決定権はどのように認識され、また弱められ、あるいは否定されているの
か。

　放射能には半減期にいたるまでにも長い時間が必要なものもある。被害が永
続性をはらむものであるゆえに、当然、市民運動も永続性が求められる。市民
運動の中で世代を超えて引き継がれるものも丹念に見ていく必要がある。

4 おわりに

　菅野さんら、二本松市東和地区の「みんなの会」の成功体験は、他の地域にも影響を与えている。カンパで作ったのぼりは、その後、環境省の計画が浮上した南相馬市の反対派住民に貸し出され、南相馬の計画も白紙撤回された。

　2022年の年末以降、環境省は除染で出た除染放射性廃棄物（除染土）の再利用に向けて、首都圏で実証実験を行うと発表。候補地は東京都新宿区の新宿御苑、埼玉県所沢市、茨城県つくば市の3ヶ所を挙げた。ところが、こちらでも住民に対する説明会が不十分で、同意を得ないまま進められようとしていることから、反対運動が起きている。

　菅野さんらは首都圏の反対する団体の集会で自らの運動の体験を話し、具体的な反対運動のノウハウを共有した。だが、2023年9月現在、政府は8000ベクレル／kg以下の放射性廃棄物を全国で再利用する方針を撤回しておらず、再利用が決まった地域では同様の反対運動が起きる可能性がある。

　除染で出た廃棄物の仮置き場問題や処理事業を巡っては、「ここに住み続けるなら、放射能をできる限り生活圏から取り除きたい、遠ざけたい」という住民の希望があり、しかし同時に「最終処分場が決まらない段階では、除染で出た放射能汚染廃棄物を生活圏のどこかにまず仮置きしなければならない」というジレンマを抱えることになった。これは首都圏を含む東日本の広域範囲におけるNIMBY（Not In My Back Yard）問題でもある。どのような方法をしても生活圏から完全には放射能汚染を取り除くことが無理と判断した人々が、原発事故から数年経って、自らの判断で「自主避難」するという動きが起きたのもその背景がある。

　2023年4月、中通り地区で出た除染放射性廃棄物は、焼却処分や双葉町・大熊町にある中間貯蔵施設に運び込まれたが、そこはあくまでも中間貯蔵施設であり、現時点で最終処分場は決まっていない。

　福島市庭坂、高湯平、そして二本松市東和で起きた原発事故に伴う放射性廃棄物の仮置き場、焼却処分に対する住民の抵抗運動は、結果として計画を白紙撤回させることに成功した。だが、放射性廃棄物に関する根本的な問題は解決していない。仮置き場が居住地域からより遠い山林や田畑に移動しただけだ。

そして中間貯蔵施設に除染廃棄物を移動（撤去）しても、除染で伐採された樹木や削られた土地が原発事故前の状態に戻るのは極めて難しい。

　2023年3月11日の日本農業新聞1面には、「仮置き場　返地3割　撤去後も原状回復難航　福島の除染廃棄物」の記事が掲載された。国は2013年から、帰還困難区域を除く福島県内の11市町村の避難指示区域で直轄除染を行い、それに伴って生じる除染廃棄物の仮置き場を設置した。しかし、その9割が耕作条件の良い田で、地権者である農業者に田が返されているのはわずか3割にとどまっているという。

　生活圏が放射能で汚染され、そこに住み続けなければならなかった県北、中通りの12年。構造的な暴力である原発事故と放射能汚染は、いまだに住民に大きな影響を与えている。人々は原発事故前と事故後の日常生活の大きな変化に否応なしに巻き込まれ、健康への影響、自然環境の破壊だけでなく、自己決定権の収奪や無力化、避難や不可視化された危機など、人々の臍帯の分断に直面した。しかし、ローカルな場での人々の運動は、経験や価値観の集合知となって新たな臍帯を築き、構造的な暴力を縮小させる役割を担っている。

注
1）福島県は南北に走る奥羽山脈、阿武隈高地を境に、海沿いから「浜通り」「中通り」「会津」の三地区に分けられる＝地図参照。
2）放射性物質汚染対策特措法により、指定廃棄物は国が処分すると定められた。
3）中間貯蔵施設とは、福島第一原発周辺の大熊、双葉両町にまたがる約1,600ヘクタールの地域で、仮置き場等に保管されている除染に伴う土壌や廃棄物、10万ベクレル／kgを超える放射能濃度の焼却灰などを保管する。「中間貯蔵施設での保管開始から30年以内に福島県外への最終処分」（中間貯蔵・環境安全事業株式会社法・JESCO法）が定められ、最終処分ではないとの意味で「中間貯蔵」という名称になっている。
4）環境省放射性物質汚染廃棄物処理情報サイト (http://shiteihaiki.env.go.jp/faq/)
5）「避難区域外避難者」「区域外避難者」「自主避難者」などと言われる。
6）福島市水道局が所有し、福島市公園緑地課と管理協定に基づき用地の一部を多目的広場として活用。
7）福島市水道局へのインタビュー（2023年4月4日）、メール（同4月7日）より。
8）Aさんへのインタビュー（Zoom、2022年11月4日、23年1月4日）。
9）福島市HP「福島市ふるさと除染実施計画（1版・2011年9月～最新2版再々改訂・2018年3月）」。

10) 大場県議へのインタビュー（2023年4月10日）。

11) 福島市水道局へのインタビュー（2023年4月6日）、その後の筆者へのメール回答（2023年4月7日）。

12) 東京電力「福島第一原子力発電所事故の経過と教訓／止める、冷やす、閉じ込める」（https://www.tepco.co.jp/nu/fukushima-np/outline/1_1-j.html）

13) 吾妻山山系には、高湯平（高湯温泉）、土湯温泉など温泉があり、自然公園法による特別地域に定められている（磐梯朝日国立公園、磐梯吾妻、猪苗代）。この一帯には、国内希少野生動物の猛禽類クマタカ、ハヤブサのほか、カモシカ、ヤマネ、ヒシクイなども生息している。

14) 署名提出は第一次が2015年7月1日、第二次が2015年10月2日、第三次が2016年2月22日（「『高湯平・放射能汚泥の仮置き場計画』中止までの経緯」より）。

15) 2020年1月21日付『福島民友』。

16) 1957（昭和32）年に発足、「地区の代表者等と市が直接意見交換をしたり、提案を受けたりすることができる、福島市独自の制度」となっているが、その実効性には市議会からも疑問が上がっている。

参考文献

黒川祥子（2017）『「こころの除染」という虚構──除染先進都市はなぜ除染をやめたのか』集英社。

関礼子編（2015）『"生きる"時間のパラダイム──被災現地から描く原発事故後の世界』日本評論社。

津久井進（2020）『災害ケースマネジメント　ガイドブック』合同出版。

成元哲編著、牛島佳代・松谷満・阪口祐介（2015）『終わらない被災の時間──原発事故が福島県中通りの親子に与える影響』石風社。

野村吉太郎編著（2022）『福島第一原発事故中通り訴訟──原発事故による精神的損害賠償請求において、一人の弁護士と五二人の住民が、なぜ金メダルを勝ち取ることができたのか？』作品社。

日野行介（2018）『除染と国家──世紀最悪の公共事業』集英社。

まさのあつこ（2017）『あなたの隣の放射能汚染ゴミ』集英社。

第4章
福島県外自治体が経験した原子力災害
―原子力との関係性に変化はみえるか―

原口　弥生

1　「ふくしま」の外の低認知被災地への視座

　福島第一原発事故による放射能汚染の影響は福島県内にとどまることなく、広く東日本一帯に及んだ。県境を越えた放射能汚染は、福島の近隣県でも経済面、生活面など多方面に影響をもたらしたが、多くは福島県内での長期にわたる激甚被災を前に被害の認知は低く、「低認知被災地」の状況を呈している。低認知被災地とは、大災害や深刻な公害問題などが発生した際、被害の中心である激甚被災から遠く、被害の周辺部に位置するために、実際には被害が発生していながらも社会的認知度が低く、また制度的にも被災地として十分に取り扱われていない地域を指す（原口, 2018）。問題の総体を捉えるためには、災害や被害が大規模であればあるほど低認知被災地への視座は重要となってくる。

　福島県外では、東日本大震災・福島原発事故の発災直後から、被害の実態が十分に認知されることもなく、当事者としての自覚も薄いままであり、問題構築における困難を指摘できる。福島原発事故の被害の総体を把握するためには、福島県内は当然のこと、福島県の近隣県の被害の経験と対応についても分析し、それらを可視化する作業が必要である。

　例えば、震災直後から、福島県いわき市と茨城県北茨城市では、隣接する地域でありながら、放射能に対する受け止め方も大きく異なった。いわき市では、震災直後、市内の約3分の1の住民が避難したと言われ（高木, 2023）、2013年頃には頻繁にラジオでもテレビでも仮設住宅からの中継レポートが流れており、「震災後」を生きる人々や地域の様子が感じられた。だが、福島県から一歩外に出ると、福島県に隣接している地域でも、その日常に「震災後」が埋め込まれている状況とは言い難かった。ラジオもテレビも、県境を越えるとその

内容は別世界であった。

　だが、行政区域に関係なく拡散した放射性物質への対応は、近隣県の自治体においても地道に続けられている。本章では、福島県に隣接する茨城・栃木・宮城の各県の自治体に対して筆者らが実施したアンケート調査をもとに、福島近隣県の放射能汚染に対して自治体がどのように対応してきたのか、また近隣県自治体が認識する課題について考察する。

　その上で、本章の後半では、福島県に隣接する「低認知被災地」において、福島原発事故後、原子力の再稼働をめぐり、どのような議論がなされているのかについて考察する。福島原発事故の被害をどのように受け止めるのかによって、その議論の方向性は異なってくるだろう。具体的ケースとして、福島県に隣接し、福島原発事故の影響を強く受けた茨城県の東海第二原発を中心に、その再稼働をめぐる議論について分析する。

2　福島県内にとどまらない放射能汚染への対応
──近隣県の自治体アンケート結果から[1]

　「原子力推進は国策で行ってきているので、国・原子力事業者が利益はとるが、被害対応は地方自治体ということのないように対応していただきたい」

（1）アンケートの目的と概要
　上記は、筆者らが行ったアンケート調査に対して、ある自治体が回答した自由記述の一部である。本調査は、福島原発事故の影響の広域性を把握するために2019年から2021年にかけて、福島県に隣接する茨城・栃木・宮城3県の市町村自治体（以下、「自治体」という）を対象に共同研究（研究代表：鴫原敦子）として実施した[2]。この目的は、原発事故が福島近隣県にもたらした放射能汚染被害と具体的な対応策を調査し、現状の課題について地域横断的に検証を試みることにあった（鴫原他，2023）。特に本研究において重視したのは、福島県外にも広がる低認知被災地に目を向け、その被害を可視化することにあった。3県の市町村自治体（計104）のうち回収数は79自治体（回収率76％）であった。初期対応から現在に至るまで、自治体の経験や自治体職員の

苦悩を聞いた。

（2）事故直後の初期対応

　まず、福島原発事故後の初期対応として、福島近隣県における3県ともに農林水産物への影響や、平常時にはない県や国とのやりとり、そして住民不安への対応といった業務面において特に影響が生じていたことが明らかになった。「平常時にはない県や国とのやり取り」そして「住民不安や要望への対応」は、「大いに影響」「ある程度影響」との回答が50自治体を超えており、多くの自治体職員にとって、これらの追加的業務により業務面に影響が生じていたことが示された（鴫原他，2023）。

　原発事故後に実施した対応について聞いたところ、表1のとおり、全ての自治体が「放射線量の測定」を実施していた。さらにどのような地点を測定したのか聞いてみたところ、図1のとおり役場前などの「県から指定された地点」と回答した自治体は、茨城・栃木・宮城の3県とも最も少なく、「自治体で選定」とした回答が最も多かった。自治体独自で測定を実施した箇所としては、教育施設や公共施設、公園、運動場などであり、子どもの生活を中心に測定箇所が選定されていった。これ以外に「必要に応じて」測定を実施した自治体も、全回答自治体79のうち26自治体と約3割あった。この「必要に応じて実施」した測定のうち、市民から要望のあった場所（住宅敷地、庭、畑、山林等）の測定を行ったのは3県で10自治体あり、その他にも公共の場所（浄水場、河川敷や水路、飲料井戸周辺、登山道など）、焼却施設周辺や牧草保管場所、保

表1　原発事故後に実施した対応（複数回答可）

	ア. 放射線量の測定	イ. 測定器の貸出	ウ. 測定結果の公開	エ. 除染	オ. 住民対応	カ. 放射能対策経費の損害賠償請求	全回答自治体数
茨城県	34 (100%)	27 (79%)	33 (97%)	23 (68%)	27 (79%)	28 (82%)	34
栃木県	20 (100%)	17 (85%)	19 (95%)	7 (35%)	15 (75%)	13 (65%)	20
宮城県	25 (100%)	11 (44%)	25 (100%)	12 (48%)	16 (64%)	19 (76%)	25
3県計	79 (100%)	55 (70%)	77 (97%)	42 (53%)	58 (73%)	60 (76%)	79

注）表中のカッコ内の数値は、各県回答自治体に占める実施自治体の割合（鴫原他，2023: 74）

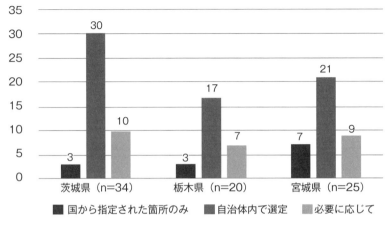

図1 放射線測定を実施した場所

管土壌の移設場所など原発事故対応によって発生した施設周辺の測定等も行われた。

（3）10年以上におよぶ残留放射性物質への対応

福島近隣県においても、事故直後だけでなく中長期におよび残留する放射性物質への対応が求められた。

福島原発事故後、空間線量率年間1〜20ミリシーベルトの地域、すなわち放射性物質汚染対処特措法をもとに「追加被ばく線量が年間1ミリシーベルト以上となる地域」は「汚染状況重点調査地域」となり、市町村が作成した除染計画に対して環境省の承認と予算措置がなされ、市町村が主体となり除染が実施された。他方、福島県内で年間20ミリシーベルト以上の避難指示区域とされた地域については、環境省が責任主体となって除染が進められた。

さて、除染対象地域となる「汚染状況重点調査地域」として、福島県内外の104市町村が指定されたが、自治体数としては、むしろ福島県外の方が多い。いずれも自治体主体で除染が進められたが、上記のアンケートでは、多くの自治体が苦慮したことの一つに除染を挙げている。

表1のとおり、茨城・栃木・宮城の3県でアンケートに回答した79自治体

のうち、「除染を実施」した自治体は 42 自治体（茨城 23 ／栃木 7 ／宮城 12）であった。アンケートに回答した自治体全体の半数以上である。

　上記の自治体数の中には、特措法に基づく除染だけではなく、自治体で独自に除染を実施した 12 自治体も含まれている（茨城 5 ／栃木 1 ／宮城 6）。なぜ環境省からの予算措置が得られる特措法に基づく除染ではなく、自治体独自の除染が行われたのだろうか。一つには、タイミングの問題である。環境省による汚染状況重点調査地域の指定を受け除染が行われた放射性物質汚染対処特措法に基づく除染は、2012 年以降、実施された。特措法成立と除染地域確定までに時間を要したことから、2012 年 1 月の放射性物質汚染対処特措法の施行前に実施した除染があることも明らかになった。

　次に、除染対象地域としての指定により自治体のイメージを損ねてしまうことを懸念し、汚染状況重点調査地域への手挙げに対して躊躇した自治体もあった。茨城県内のある自治体は、苦渋の判断として汚染状況重点調査地域への手を挙げることは断念する代わりに、住民の健康と安全を確保し、そして不安に対応するために自治体独自の予算にて除染を実施した。

　本アンケート調査からは、公表されている特措法に基づく公的除染以外にも、自治体独自で除染を行った自治体が多数あったことがデータとして示された。特に、自治体内の一部地域の汚染や局所的に高線量を示す場所（いわゆるホットスポット）に対しては、表 2 のとおり、汚染状況重点調査地域の地域指定を受けずに自治体独自で除染を実施した地域も少なくない。また、表 3 のとおり、栃木県を筆頭に除去土壌は各地で「一時保管」の状況が続いている。

　自治体が独自に行った除染については、教育費や下水道関係の維持管理費など用途に応じた自治体内の予算が用いられ、その後、対策費用に関する東京電力への損害賠償請求がなされている。こうした自治体による損害賠償請求交渉は、直接請求によって不払いとされた分の原子力損害賠償紛争センター（ADR）申し立ても含め、現在も継続中の自治体もあり、今後の動向について注視していく必要がある。

（4）福島近隣県自治体が抱える課題

　本章では、紙幅の関係から、アンケート調査の一端しか示すことができない

表2　自治体による除染の実施状況

| | | 茨城県
（回答34自治体） | | 栃木県
（回答20自治体） | | 宮城県
（回答25自治体） | | 3県合計 |
		汚染状況 重点調査 地域	地域指定 外	汚染状況 重点調査 地域	地域指定 外	汚染状況 重点調査 地域	地域指定 外	
回答自治体 内訳		18	16	6	14	6	19	79
除染実施		23		7		12		42
	公的 除染	18	–	6	–	6	–	30
	独自 除染	13	5	4	1	3	6	32 （うち地域 指定外12）

表3　福島近隣県における除去土壌の現場保管量（2022年3月末現在）

| | 現場保管 | | 仮置き場 | | 県別合計 | |
	保管量 （m³）	箇所数	保管量 （m³）	箇所数	保管量 （m³）	箇所数
茨城県	51,172	1,033	1,835	2	52,964	1,035
栃木県	110,708	24,745	354	2	111,063	24,747
宮城県	14,750	133	13,638	28	28,388	161

出所：環境省除染情報サイト「汚染状況重点調査地域（福島県外）における保管場所の箇所数及び除去土壌等の保管量」（2022年3月末現在）より3県各県分を抜粋して作成（鳴原他, 2023）。

が、本調査結果から明らかになったこととして、以下の3点を指摘したい。

　第一に、福島県外地域においては、対応の遅れと支援格差が生じたことである。原発事故後、福島近隣県の自治体においても、放射線測定や除染、住民対応、除去土壌の保管や汚染廃棄物処理など多岐にわたる対応を余儀なくされた。しかし事故当初、線量測定や除染に関する国の指示は福島県内のみを対象とし、近隣県での実態把握をはじめ対応方針策定と除染等の実施は遅れることとなった。現場の担当者自身も放射性物質に関する専門知識が十分ではない中で、その間の対応は、リスク判断が困難な状況に置かれたまま現場に委ねられた。

　第二に、原発事故に伴い発生した廃棄物や除去土壌の処理推進を定めた特措

法が、自治体に困難な対応を強いている問題である。先述したように、汚染状況重点調査地域指定を待たずに除染を実施した自治体は広範囲に及んでいた。しかしその地域指定は、自治体による申請に基づく手挙げ方式がとられた結果、汚染箇所が一部に留まる自治体や、指定を受けることによる地域経済への影響等を懸念する自治体が申請をためらうなど、必ずしも汚染実態に即した地域指定とはならなかった点は重要である。さらに除染廃棄物の最終処分場が確保できた県外自治体はなく、保管の長期化に加えて処理方針の見通しが立たないことも極めて深刻な問題である。

　除染の費用に関しても、独自除染を行った自治体は、その経費確保のため東電への損害賠償請求を提起せざるを得ない状況となっているが、請求額通りにスムーズに交渉が進んでいる自治体ばかりではない。

　そして第三に、多くの自治体が、国・東電の積極的関与を求めている点である。本アンケート結果からは、福島近隣県でも原発事故に伴う課題が山積しており、今後も対応が継続すると認識されていることが明らかになった。福島県以外でも、今も放射能汚染の影響により、野生鳥獣や林産物の出荷規制が続き、生業の再生が困難な状況が続いている地域もある。廃棄物や除去土壌保管の継続に加え、こうした状況への対策に伴う東電への損害賠償請求交渉も長期化することが予想される。茨城県の自治体からは「事実上原発事故の影響はほとんど残っていないが、東電への損害賠償請求問題などは解決に遠い状態である」との回答もあった。

　他にも、放射線被ばくによる健康影響に関しては、福島県では政府と東電の拠出金による基金を活用した健康調査が実施されているが、近隣県では一部の自治体が健康調査への補助を実施しているものの、自治体主体での実施には躊躇する自治体が多いなどの課題が残る（清水他，2023）。

　こうした問題は当該3県いずれの県でも同様に生じており、福島近隣県が置かれた被災状況の特徴として指摘できる。福島第一原発事故は、福島県内はもちろんのこと、県境を越えて近隣県の自治体に多方面での長期におよぶ負担を強いている実態が、本アンケート調査により浮かび上がった。

　従来、原子力政策において「立地自治体」は、原子力施設が立地する市町村と道県のみであった。しかし、重大な原発事故の際、県境を越えた自治体にも

表4　福島近隣県自治体が抱える除去土壌と廃棄物処理の課題

茨城県	・除染作業により発生した草木類の処分について特措法や廃棄物処理法に基づく一般廃棄物として焼却処理が原則となるが、フレコンに収容して保管している草木類の現状は腐食・減容が著しく、土壌化し焼却が難しい状態となっている。 ・国による指定廃棄物や除去土壌の最終処分方法の決定が長期化している。東京電力による賠償が十分に行われていない。
栃木県	・住宅に現地保管している除染土壌の処分について見通しが立っていない。国で早く方針を出してほしい。 ・指定廃棄物の現場保管の長期化および最終処分。
宮城県	・8000 Bq 以下の農林系放射性廃棄物の処理についても、住民にすれば 8000 Bq 以上と同じ放射性廃棄物である。農林系の処理に向け話し合いを行っているが、理解いただくのが難しい状況である。出てくる言葉とすれば東電へ持っていけである。 ・汚染除去土壌を学校敷地内や公園敷地内に一時保管してあり、多くの子どもたちが利用している。長期保管には適さないので早く処分先を決めてもらいたい。

注）市町村の回答より一部抜粋（鳴原他，2023: 81-82）。

表5　原発事故後の対応に際してわからなかったこと、苦慮したこと

茨城県	・過去の経験等がないためすべてが手探り状態のため時間と手間がかかった。 ・除染関係ガイドラインが示されたのが 3.11 から約 9 ヶ月後となる 12 月であったため、その 9 ヶ月間における現地での対応に苦慮した。 ・学校、保育園、幼稚園の除染は平成 23 年 8 月に行ったが当時、まだ国の方針などもはっきりしておらず手探り状態での作業となった。 ・放射線量等に関する単位（シーベルト、グレイ、ベクレル）の使い分けや数値に関すること
栃木県	・計画停電に伴う対応（水道事業における自家発電用燃料の確保、配水調整、問い合わせ対応など）。 ・平常時にはなかった放射線量の測定に係る事務が発生し、運用に当たっては膨大な業務量により大変苦慮した。 ・放射能に関する知識および除染マニュアルが策定されない中での手探りでの除染等の対応。 ・放射対策・除染実施に関する住民からの悲痛な問合せ対応。 ・避難者への対応（証明書交付、予防接種など各種住民サービスを受ける際の確認に時間を要した） ・通常業務を行いながら災害対策もしなければならず職員の負担が大きかった。
宮城県	・住民に対して、情報提供や指導を行う立場である職員が、放射性物質の知識がほぼない状況であった。 ・放射能関係の対策について知識がない中、住民対応や計画の作成など取り組まなければならなかった。 ・農作物や牧草が放射能汚染された際、どのような対応をしてくれるのかといったお叱りの声を何度も受けた。農家の方も東京電力の責任であるということでは理解していたが対応に苦慮した。住民の方から東電を呼べと言われても、対応しようがなかった。 ・通常の業務と、事故対応業務を平行させるのは多大な労力が必要であり大変であった。 ・下水汚泥焼却灰の放射性物質濃度が高く（指定廃棄物の基準未満）、処分先が見つからない事態に陥った。 ・東京電力に対する事故対策に要した費用の損害賠償請求は過去に例がなく、和解に至るまでに相当の労力を要した。

注）一部、誤字の修正、脱字の補足を行っている（鳴原他，2023: 76）。

被害対応を要求するのであれば、広域過酷災害を念頭に置いた合意形成のあり方を検討する必要がある。

　次節では、福島県に隣接する低認知被災地に立地する茨城県東海村に立地する東海第二原発を中心に、事故後の原子力ローカル・ガバナンスについて考察する。

3　福島原発事故後の原子力ローカル・ガバナンスの変化
──茨城県・東海村

（1）拡大する地域社会の役割

　全国に立地する原発については、2011 年の福島原発事故後に一時すべての原発が停止した後、西日本を中心に再稼働の動きがみられる。福島県に隣接する宮城県の東北電力・女川原発、茨城県の日本原子力発電所（株）（以下、日本原電）・東海第二原子力発電所（以下、東海第二原発）でも、事業者は再稼働に向けて国への新たな規制基準への適合審査、それに基づく安全対策工事などを進めている。東北電力女川原発においては、東日本大震災で被災した原発として、初めて宮城県、女川町長と石巻市長が 2020 年 11 月 11 日、地元同意を表明した。

　原子力と地域社会については、操業前であれば、新潟県巻町での住民投票運動による原発開発阻止のような事例もあるが、原子力発電所は操業が開始されると、電源三法交付金への依存度が高くなることから、地域経済における原発依存からの脱却は難しい（長谷川・山本，2017）。この構造化された選択肢のなか、原発立地やプルサーマル発電の開始時など、新しいリスクが加わる場合には、立地自治体は「事前了解」を表明することで、稼働に地域社会としての承認を与えてきた。

　福島原発事故前までは、内閣府に置かれた原子力安全委員会、そして経済産業省安全・保安院や文部科学省が原子力規制を担っていた。国が行う原子力規制は、「原発サイト外に影響を及ぼす事故は発生しない」という「原子力安全神話」の下実施され、立地自治体もその前提で、原子力を受け入れてきた。

　しかし、事故後の『国会事故調査委員会報告書』をはじめとして、国際的な

水準からして、国の原子力規制が不十分であったことが明らかとなった現在、全国の原子力立地自治体ならびに周辺自治体の中には、国の判断に依存することなく、主体的に原子力に向き合い、独自の判断を示す例も各地でみられる。例えば、平成26年4月に提起された函館市による大間原発建設差止め裁判は、現在も係争中である。この動きは、福島原発事故後、30キロ圏内の自治体には広域避難計画の策定が求められるようになり、立地周辺地域は以前よりも原子力防災に否応なく関わる存在となったこととも関係している。

（2）東海第二原発と地域社会

　茨城県東海村に立地する東海第二原発は、日本原電が所有する、国内初の大型原子力発電所である。1973年に着工、1978年に営業運転を開始しており、2018年には稼働40年を迎えたが、2011年3月の震災以降、原発は稼働していない。東海村では、1997年3月に動燃アスファルト固化処理施設の爆発事故、さらに1999年にJCO臨界事故の発生があり、2011年の東日本大震災時には上記のとおり福島原発事故の影響を強く受けた地域である。

　原子力のローカル・ガバナンスを考察する際、そもそもどの範囲を「ローカル」と言いうるのだろうか。上記のアンケート調査結果のとおり、福島第一原発事故後の対応は、近隣県にも広く多様な分野に及んでおり、茨城県取手市は福島第一原発から約190キロ離れているが、広く除染を行う必要があった。2011年3月以降、2019年12月までの間に、茨城県および隣県3県では68市町村議会が東海第二原発の再稼働反対、あるいは慎重論に基づく意見書を可決しており（砂金，2020: p.130）、東海村だけの問題ではないことは明らかである。

　東海第二原発をめぐっては、福島原発事故後、いくつかの重要な転換点があった。一つは、原子力発電所の再稼働等に関して、事前了解の範囲が、東海第二原発の立地自治体とされる茨城県と東海村に加え、周辺地域へと拡大された、いわゆる「茨城方式」の実現である。東海第二原発をめぐっては、94万人という周辺人口の多さ、40年を超える原発の老朽化、福島原発事故による被災などもあり、周辺自治体[3)]からも強い危機感が示された。東海村長の村上達也氏の提案に周辺の首長が賛同する形で始まり、5年以上の交渉の末、

2018年3月、東海村と周辺5市が、再稼働を行う前にそれぞれ日本原電と事前協議を求めることができる「実質的な事前了解」の権限を明文化した協定を締結した。

　原子力災害が発生すれば、影響は立地自治体に限られるわけでもないが、従来、「事前了解」の意思決定は立地自治体のみが独占し、「リスクの分配」は交付金で埋め合わせされてきた。だが、東海第二原発の再稼働については、立地自治体の東海村と茨城県のみでは意思決定できず、周辺の5市においても首長、議会、そして住民が当事者としての役割を担うようになった。

　事前了解まで踏み込んでいなくとも、電力会社と「原子力安全協定」や「覚書」などを結ぶ自治体は、福島原発事故前の13道府県44市町村に比べて2倍以上の18道府県108市町村へと大幅に増加した（共同通信，2021年4月17日）[4]。

　この事前了解は、そもそも「原子力安全協定」の中に位置づけられているが、原子力事業者と自治体との間で締結される安全協定も、その黎明期である1970年代から事故やトラブル、信頼失墜という時代の流れのなかで変化し、自治体はより多くの情報、さらに信頼性の高い情報・事前了解の拡大を求めるようになった（菅原，2009）。そして、世界的にも最も深刻な影響を残す福島第一原発事故を受けて、福島県の隣県に立地し被災原発でもある東海第二原発をめぐっては、事前了解の周辺市町村への範囲拡大という前例のない関係性に帰結した。半世紀にわたり変容してきた原子力安全協定、すなわち原子力事業者と地域社会との関係性について、他の原発立地地域にも大きな一石を投じる結果となった。

（3）原子力広域避難計画をめぐる課題

　ひとたび原子力災害が発生すれば、汚染された広範な地域は長期間住民が戻れない土地になることが、福島原発事故によって示された。原子力災害対策特別措置法の下、原子力規制委員会は、原子力災害対策として実施すべき基本的な事項や重点的に実施すべき設定に関して原子力災害対策指針を定め、都道府県・市町村は、この指針に基づき地域防災計画を策定する。以前の「防災対策重点地域（EPZ）」の10キロ圏の対応地域から、福島原発事故後は30キロ圏

の「緊急時防護措置準備区域」（UPZ）にまで拡大された。

　では、茨城県、東海村と周辺5市は、どのように再稼働をめぐる判断を行うのだろうか。「実効性ある避難計画」と「住民理解」が鍵となっており、「実効性ある避難計画」の策定がまず必要である。

　東海第二原発に関して、原子力災害避難計画の策定が必要な14市町村のうち策定済みは、比較的人口が少ない5市町のみである。東海村と周辺5市のうち、原子力災害避難計画を策定済みとしているのは、常陸太田市のみである。

　国と茨城県が支援し、広域避難計画の策定を進めているが、複合災害への対応、94万人の人口が避難する際の移動手段の確保など、課題は山積している。茨城県が確保済みとしていた避難先での避難所であったが、居住スペースにできないトイレ等の面積が含まれていることが明らかとなり（日野，2022）、追加のスペース確保と調整も必要となった。

　茨城県では東日本大震災後、2012年のつくば市での竜巻、2015年の常総水害、2019年の台風19号の被災、2023年の取手市（6月）、台風13号による県北地域の水害（9月）等、各地で自然災害が頻発している。東日本大震災の複合災害として発生した福島第一原発事故を思い出すまでもなく、今後の原子力広域避難計画においては、複合災害も含めた計画策定は必須である。

　2021年3月18日、水戸地方裁判所（前田英子裁判長）は、「実現可能な避難計画が整えられているというには、ほど遠い」として原告側の請求を認め、避難計画の不備を理由に東海第二原発の再稼働の差し止めを命じる判決を出した。福島原発事故後、原発の運転差止めを認めた事例や行政訴訟で設置許可処分を無効とした事例は、この判決前に6件あったが、避難計画の不備を正面から取り上げて原発の運転差止めを命じた判決は初であった。

　水戸地裁判決は、深層防護の第5の防護レベル[5]である重大事故発生時の避難について、福島第一原発事故でも明らかなように複合災害も当然想定されるべきとし、人口密集地帯における原子力災害時の避難が容易ではないことを指摘する。その上で、「現行法による原子力災害対策をもってすれば、発電用原子炉施設の周辺がいかに人口密集地帯であろうと、実効的な避難計画を策定し深層防護の第5の防護レベルの措置を担保することができるといえるのかについては疑問があるといわなければならない」と喝破する。

福島第一原発事故の教訓により導入された 30 キロ圏内の広域避難計画であるが、新規制基準には避難計画は含まれておらず、原子力規制委員会はこの避難計画を審査しない。すでに広域避難計画の策定済みとなっている自治体も多いが、複合災害の検討がなされていないなど机上の計画としか言えないケースも少なくない（上岡，2000；原口，2000）。具体的には、まさに福島原発事故がそうであったように、複合災害の想定がされていないことや、避難所における駐車スペースの不足などの課題を残したまま再稼働にいたった原発もある。しかし広域避難計画の実効性については、原子力規制委員会の安全審査の対象となっていないことから、実効性を確認する主体がどこにあるのか明確ではなく責任の所在も曖昧である。

　福島原発事故後、住民はその責任を追及するために事業者である東京電力と原子力政策に責任がある国を相手取って裁判を起こした。現在、広域避難計画を策定しているのは原発立地周辺の自治体である。自治体が策定した原子力災害時の避難計画に不備があり、被害が拡大してしまった結果、責任を問われるのは事業者、国、自治体、いずれであろうか。原子力防災における第 1 から第 4 の防護においては、国が審査を行い、その責任を国と事業者で負っている。第 5 の防護レベルにおいて、原子力の推進主体ではない地方自治体が広域避難計画の策定の義務を負う体制となっている現状において、事故時の責任について明確にしておく必要があるだろう。

表 6　東海第二原発を巡る動き

2011 年 3 月	津波被害により東海第二原発が運転停止する
2018 年 11 月	原子力規制委員会が、最長 20 年の運転延長を認める
2019 年 2 月	日本原電と東海村と周辺 5 市は、「実質的な事前了解」の協定締結
2020 年 1 月	日本原電は、工事完了時期を 21 年 3 月から 22 年 12 月へと延期
2020 年 6 月	茨城県議会は、「県民投票条例」の制定を求める議案を即日採決し、否決。全市町村から 8 万 6703 筆の署名が集まっていた。
2021 年 3 月	水戸地裁は、広域避難計画の不備を理由に日本原電に運転差し止めを命じる判決を出す
2022 年 2 月	日本原電は、工事完了時期を 22 年 12 月予定から 24 年 9 月に変更する。2 度目の延期

4 福島原発事故の教訓の内面化

　本章では、前半で福島近隣県における放射能対策について自治体の経験や苦悩について見てきた。そこでは、長期に及び放射能汚染廃棄物や除去土壌の保管や東電への損害賠償請求交渉などの対応が継続していることが確認された。福島近隣県への国の支援は福島県内自治体へのそれに比べると薄く、自治体独自での対応に、負担感や不満をもつ自治体職員の声もあった。

　そして、その延長上には原発の再稼働をめぐる論争がある。半世紀に及ぶ原子力安全協定の変化は、事故発生等のトラブルを受けて、地域社会が原子力事業者側へより強く安全確保や情報開示を求めるようになってきた、原子力事業者と地域社会との関係性の変化を映し出している。茨城県に立地する東海第二原発をめぐっては、「立地自治体」である東海村の周辺自治体も再稼働に関する実質的な事前了解について立場表明する機会を得た。

　東海第二原発をめぐる周辺自治体の動きは、他の原発立地地域へも波及している。佐賀県の玄海原発では、30キロ圏内に位置する3県7市1町のうち、4市が明確に再稼働に反対したにもかかわらず、旧来の慣行が踏襲され佐賀県と玄海町の「同意表明」により再稼働にいたった。ただし、再稼働が決定した後も、周辺自治体からは「立地自治体」と同等の権限の要求は続いている。

　2022年に入り、国はいわゆるGX法案（グリーン・トランスフォーメーション）の方針を打ち出し、原子力を脱炭素エネルギー源として位置づけるなど、全国的な再稼働に向けた取り組みが顕著となった（本書第9章を参照）。この動きは、福島避難者訴訟において、2022年6月、最高裁が福島原発事故に対する国の責任を免責したことと無関係ではないだろう。福島原発事故の責任主体として、事業者である東京電力の責任は認められたものの、国には責任がないとされた。他方、住民の生命・健康と財産を守る基礎自治体は、原子力災害時の広域避難計画の策定をはじめとして、非常に困難な状況に直面している。

　広域避難計画を含め原子力再稼働問題議論にする際の一つの分岐点は、福島原発事故とその被害をどのように捉えるかにある。国際的な基準であった多重防護を十分に導入していなかったために、広域避難時の失敗が被害を拡大させ

た。その教訓により導入された原子力避難計画について、どの水準の実効性を求めるのかは、道県や 30 キロ圏市町村に任されている。その水準は、老朽化が進む原発の安全性をどう考えるのか、想定される事故の規模や放射能汚染、避難時に想定される困難などを、立地自治体ならびに周辺自治体が、住民の健康・生命と財産を守る観点からどう判断しているのか、そこに「原子力安全神話」の復活が見られないか、注目する必要がある。国が原発再稼働の方向へ舵を切った現在、あらためて地域社会と原子力の関係について、立地自治体以外の周辺自治体も含めて問われている。

　＊追記：本章は、JSPS 科研費 17K12632、並びに JSPS 科研費 19K02096 による研究成果の一部です。

注

1）本節については、共著者の了解のもと、既公表論文をベースに執筆したものである。鴨原・清水・原口・蓮井（2023）を参照のこと。
2）調査期間が長期に及んだのは、2019 年 10 月の台風 19 号被害とその後の新型コロナ禍による影響を鑑み、アンケート調査への依頼について災害対応や新型コロナ禍への繁忙期に配慮したためである。
3）日本原電と協定を締結したのは、東海村、水戸市、日立市、常陸太田市、ひたちなか市、那珂市の 6 市村である。
4）新潟県の柏崎・刈羽原発をめぐっては議員主導で、事前了解権の拡大を求める動きがある。
5）「深層防護」とは、多層の防護策を行うことでより全体としてより安全な対策を実現するもので、原子力関係では、国際原子力機関（IAEA）が第 1 から第 5 レベルの防護を設定している。福島原発事故前は、日本では第 1 から第 3 の対策を義務化していたものの、シビアアクシデント対策である第 4 の防護策は十分機能しなかった。

参考文献

出水薫（2019）「玄海原発再稼働における地域政治過程」『法政研究』第 85 巻第 3/4 号、pp.1-32。

上岡直見（2000）『原発避難はできるか』緑風出版。

鴨原敦子（2022）「宮城県における東電福島原発事故に係る原子力損害賠償請求の現状と制度的課題」東北大学大学院農学研究科『農業経済研究報告』第 53 号、pp.109-128。

鴨原敦子・清水奈名子・原口弥生・蓮井誠一郎（2023）「原子力災害後の初期対応・除染に

関して福島近隣県が抱える課題——茨城・栃木・宮城の自治体アンケート調査分析から」地方自治総合研究所『自治総研』2023 年 7 月号、537 号、pp.67-87.。

清水奈名子（2023）「東京電力福島第一原発事故後の対応に関する福島近隣県自治体アンケート——栃木県の基礎自治体による回答の分析」『宇都宮大学国際学部研究論集』第 55 号、pp.15-28.。

菅原慎悦・稲村智昌・木村浩・班目春樹（2009）「安全協定にみる自治体と事業者との関係の変遷」『日本原子力学会和文論文誌』Vol. 8, No. 2, pp.154-164。

砂金祐年（2021）「原発再稼働に対する市町村議会の態度——東海第二原発をめぐる意見書の計量分析を通じて」『年報行政研究』56 巻，pp.123-144。
https://doi.org/10.11290/jspa.56.0_123

高木竜輔（2023）「避難者を受け入れた被災地域の葛藤」関礼子・原口弥生編『福島原発事故は人びとに何をもたらしたのか——不可視化される被害、再生産される加害構造　シリーズ環境社会学講座 3』新泉社。

東京電力福島原子力発電所事故調査委員会（2012）『国会事故調東京電力福島原子力発電所事故調査委員会調査報告書』。

長谷川公一（2023）「原発城下町の形成と福島原発事故の構造的背景」『福島原発事故は人びとに何をもたらしたのか——不可視化される被害、再生産される加害構造　シリーズ環境社会学講座 3』新泉社。

原口弥生（2017）「災後の原子力ローカル・ガバナンス」『原発震災と避難——原子力政策の転換は可能か』有斐閣，pp.164-190。

原口弥生（2018）「『低認知被災地』における問題構築の困難——茨城県を事例に」藤川賢・除本理史編著『放射能汚染はなぜくりかえされるのか』東信堂，pp.139-153。

原口弥生（2000）「被災者支援を通してみる原子力防災の課題」『学術の動向』第 25 巻第 6 号，通巻第 291 号。

日野行介（2022）『原発再稼働——葬られた過酷事故の教訓』集英社。

第5章

福島原発事故 メディアの敗北
―「吉田調書」報道と「深層」をめぐって―

七沢　潔

1　はじめに

（1）原発回帰と事故像の矮小化

　東京電力福島第一原子力発電所の事故から 12 年が経った 2023 年 2 月、日本政府は原発の増設、建て替えや最長 60 年とされた運転期間の延長容認を盛り込んだ新方針を閣議決定、それを含んだ法案「GX 脱炭素電源法案」が衆議院に続き 5 月 31 日に参議院本会議で可決された。前年に始まったウクライナ侵攻によるエネルギー危機を契機にしているが、福島の事故後にエネルギー基本計画に盛られてきた「原発への依存度低減」の方針を 180 度転換させる急展開であった。

　エネルギーへの不安がもたらしたのか、かつて原発の再稼働への反対が強かった世論が今は過半数が容認に転じるなど変化は国民全体に広がっている[1]。しかし広域な放射能汚染をもたらし、一時は 16 万人もの人々が避難生活を余儀なくされ、今も 3 万人近い人々が故郷に帰れず、2000 人を超える人々が関連死した原発事故の記憶は一体どこへいったのかと尋ねたくなる。

　時間の経過や尖閣諸島をめぐる混乱、新型コロナウイルスの感染拡大、東京オリンピック、ロシアによるウクライナ侵攻、「台湾有事」、WBC など、この間に起きたビッグイベントによる記憶のウォッシュアウトなど様々な理由が考えられる。

　しかし筆者は、そもそも福島原発事故の社会的な記憶は一過性で曖昧な部分もあって根付き方が弱かったと考える。その理由は「深層」（事故像を構成する最も重要な事実）が明らかにされてこなかったからである。それはある部分ではいまも解明が困難であり、またある部分では意図的か否かを問わず、政府

をはじめ原子力を推進してきた政治が求めた「隠蔽」であった。新聞、テレビなどのメディアもまた「深層」につながる事実を発掘する努力を怠ったり、あるいはチャレンジできずに結果として事故像の矮小化に手を貸してきた。

（2）チェルノブイリ・国家による隠蔽

　原発事故が起こると多くのことが隠されることは、1986年に旧ソ連時代のウクライナで起きたチェルノブイリ原発事故を取材して筆者には分かっていた。まず事故そのものが隠されそうになったが、国境を越える放射能流出により、隣国に気づかれた。次に事故原因も運転員の操作ミスとされたが、後年原子炉の構造的欠陥に由来することが告発され、世界に認識されるようになった。ソビエトが隠蔽した理由は国内の同じ型式（黒鉛減速チャンネル型炉）の原発がすべて稼働停止に追い込まれ、電力供給体制が崩壊するのを防ぐためであった。放射能汚染の規模も一部地域の汚染を隠して矮小化を図ったが暴かれ、ウクライナでは市民の怒りを買って独立運動に火がつき、ソ連邦崩壊につながった。そしてこれらの隠蔽をソビエトが国家ぐるみで行っていたことが、筆者ら取材班[2]が入手したソ連共産党中央委員会の機密文書などから明らかになった（七沢，1996）。

　これらの隠蔽を共産主義社会の特徴と捉え、日本では起こらないと考える人々もいたが、筆者はそう思わなかった。原子力事故という、場合によっては国家存亡の危機に陥る事態では、国家は自分自身の存続をかけてパニックを防ぎ、秩序と体制の護持に全力を傾ける。そのためには国民や世界に対して「嘘」をつくことを厭わない。それは国家というものに固有の性格であって、イデオロギーの産物ではない。そして2011年に起きた福島第一原発の事故もまたそれを証明した。しかも、使われたのは複雑で時間をかけたより巧妙な仕掛けであった。

（3）隠された焦点

　福島の場合も大量の放射能放出に至る事故プロセスや放射線被曝による健康への影響など事故の核心を構成するいくつもの事実が、未だ論争下にあり、社会に十分に明かされないまま12年が過ぎ、結果として社会から見えなくなっ

た。その背景には、それを知られたくない東京電力や政府など当事者の思惑とバイアス（圧力）、それに抗して真実を伝えようと格闘するメディアの葛藤があった。その攻めぎ合いを見つめながら、本章では福島の事故ではじめて可視化されそうになりながら、その後葬りさられた最も重要な事実＝「深層」に焦点を当てて、メディアはどこまで迫れたのか、そしてどこで躓いたのか、そこにあった当局の思惑は何であり、どのような情報コントロールがなされ、社会は何を見失ったかを検討する。それは一言で言えば事故の渦中で現れた「国家存亡の危機」の実相であり、それに対処した電力会社、政府とメディアの間の不協和音の中から見えた〈国家〉と〈原子力平和利用〉の歪な相関についての考察である。

2　「国家存亡の危機」——3月15日に何が起こったか？

　事故から12年以上経っても事故直後に発出された原子力緊急事態宣言が解かれない現在は、正確には事故収束の途上である。1〜3号機では未だ炉心溶融で生じた核燃料混合物のデブリも取り出せず、線量が高い中で遠隔操作のロボットによる計測しかできない状況が続く。何をもって廃炉とするかの定義も曖昧だが、デブリの取り出しでさえいつ終わるのかも分からず、とても収束したとは言えない。

　とはいえ、東日本大震災の地震発生から今日までの時間の流れの中で、最も緊迫した危機的な瞬間は、早朝6時すぎに4号機で水素爆発が起こり、福島第一原発から作業員の9割に当たる650名が「撤退」し、2号機（一部3号機）から最大量の放射性物質が放出された2011年3月15日であったことは衆目の一致するところであろう。しかし、その焦点となるべき日に何が起こったかについては、政府事故調査委員会（2011年6月〜2012年7月）、国会事故調査委員会（2011年12月〜2012年7月）でも十分に明かされず、長らくブラックボックスとされてきた。

（1）2号機の危機
2011年3月11日の地震で外部電源を喪失し、その後の津波によって非常用

交流電源も失った東京電力福島第一原発では、1号機では炉心への冷却水の供給ができなくなり、原子炉圧力容器内の炉心の温度が高まって損傷、やがて溶融して12日午後3時36分に水素爆発が起きた。3号機では直流電源を使って注水を続けたが13日未明に注水不能となり、14日の午前11時1分に水素爆発が起こった。

　そしてそれまで原子炉隔離時冷却系（RCIC）が作動して注水できていた2号機でもRCICが停止、注水不能となって炉水が減少、格納容器内の圧力が高まっていた。圧力を下げるために空気をぬくベントもできず、水も入らない状態が続けば核燃料が高温となって溶融し、原子炉圧力容器の底を突き破ってやがてその外側の格納容器も破壊される。溶けた核燃料の塊が水に触れれば水蒸気爆発が起こり、大量の放射能が放出されて周辺の放射線量は桁違いに高くなり、第一原発に人間が居られなくなって、すでに爆発した1、3号機の収束作業も、4、5、6号機のケアもできなくなる。10キロ離れた第二原発の4機も含めすべての原子炉が同様の事態に陥れば、放出される放射性物質で東日本一円で人が住めなくなり、国家が壊滅するほどの被害となる。

　これが東電の現場幹部と、本店の共有する危機感となり、14日19時半頃には「退避」をめぐる会話が始まっている[3]。

（2）「退避」計画と官邸の反発

　福島第一原発の2号機ではその直前に、一時は原子炉が減圧して水の供給ができるようになったが長続きせず、東電は所員の安全を守るため、一部の要員を残して所員を第二原発に「退避」させる計画を立てていた。移動のためのバスの手配も命じられている。

　そして15日の午前2時すぎに東電の清水正孝社長がその旨を電話で海江田経済産業相につげ、海江田氏は「東電が退避したがっている」と菅直人首相に伝える。そして菅首相は午前4時に清水社長を首相官邸に呼び出し、「撤退は許さない」と告げる。すると清水は「撤退しません。撤退は考えていませんから」と答えたという。この時のやりとりでは、後に「もともと撤退ではなく、一部を残して退避する計画だった」とする東電と官邸側の受け取り方のズレがあったと指摘される。

菅首相はその後午前5時すぎに東電本店（東京・有楽町）に乗り込み、政府主導の統合対策本部を設置、居並ぶ東電社員を前に「なんとしても踏ん張ってもらいたい」「日本の国が成立しなくなる」「外国がやると言い出す」「命をかけてください」などと演説をした。

　そしてその直後の6時すぎ、福島第一原発では中央操作室の運転員から、「ボン」という大きな音がし、2号機の格納容器の圧力抑制室のパラメーターがゼロになったとの情報が、免震重要棟の対策本部にいる吉田昌郎所長に入る。吉田は「格納容器が破壊された可能性がある」と考え、本店に通報して所員の避難の承認を求めた。そして総員の9割に当たる650名が第二原発に避難、東電本店では8時15分から記者会見が開かれ、所員の「移動」として報告された[4]。

（3）ぶれた「退避」命令

　福島原発事故において東電は初動から本店と福島第一原発、福島県や政府派遣の関係者が詰める現地オフサイトセンター、新潟の柏崎刈羽原発を結んでテレビ会議を行い、事故処理に関する情報や知見、指揮命令を共有していた。そのビデオ（映像と音声）記録は保存され、政府や国会の事故調査では、あたかも航空機事故検証におけるフライトレコーダーのように、事故分析の貴重な1次資料となっていた。

　ところがクライマックスとも言える3月15日については午前0時6分以降の音声が「保存されていない」として公開されていない。また政府事故調および国会事故調の報告書にも詳しい記述はない。このため、当日についての本章の記述は後に公開された政府事故調査委員会による関係者の聴取結果書などからの引用や、東電テレビ会議の逐一を筆記していた柏崎刈羽原発所員のメモ（以後、柏崎刈羽メモ）、後述する事故の10年後に放送されたNHKの番組の取材記録（石原，2022）などに拠って筆者が書いている。

　柏崎刈羽メモには、6時34分に「TSC内線量変化なし」との報告がメモされている。そして当初は2号機の格納容器が破損したと思った吉田所長が、原発サイト内の空間線量が変わらないことに気づいて異常は別の原因と考え、6時42分に「（第一原発）構内の線量の低いエリアで退避すること、その後本部

で異常でないことを確認できたら戻ってもらう」と退避の行く先が修正された
指示を出している。実際、その12分後には4号機の異常が報告され、2号機
が原因でないことも理解され始める（後に「大きな音」は4号機の水素爆発に
よるものとされた）。しかし、この「避難」に関する吉田所長の指示の解釈を
めぐって、3年後にメディア間で混迷のバトルが始まることになる。

3　メディアの敗北

（1）「吉田調書」幻の大スクープ
　ここからはメディアの関わりについて述べる。
　2号機の危機とその結果としての「退避」について、官邸と東電の間で記憶
のすれ違いがあったことはすでに述べた。そしてそのことに執念を持って取り
組んでいたのが当時朝日新聞特別報道部に在籍した木村英昭記者とデジタル
編集部にいた宮崎知己記者であった。木村は渋る東電と交渉して「東電テレビ
会議」のビデオを公開させたジャーナリストの一人だが、その後も取材を継続
する中で、それまで門外不出だった政府事故調による吉田昌郎福島第一原発所
長の聴取結果書（吉田調書）を独占入手した。事故収束作業の中心にいた「司
令塔」が4ヶ月にわたり聴取を受けた結果が記された400ページに及ぶ文書は、
東電や政府の事故対応を分析する上で極めて重要であった。
　2014年5月20日の朝日新聞朝刊は一面トップで「政府事故調の『吉田調
書』入手」の見出しでスクープを伝え、「所長命令で違反　原発撤退」「福島第
一所員の9割」と畳み掛けた。2面では「吉田調書の要旨」と題して全文から
重要部分を抜粋しており、また〈解説〉では3年にわたり政府がこの聴取結果
書を非公開としてきたことを批判した上で、「事故の本質をつかむには一つひ
とつの場面を具体的な証言から検証する必要がある」と、700名以上から聴き
取り調査をした政府事故調の関連資料の公開を求めた。
　この報道は当時、「東日本壊滅の危機」が想定されたことや、「原発事故では
現場にパニックが起こり、作業員たちが逃げ出すこともある」ことなど、隠さ
れてきた事故の暗部を暴き出す報道として世論の喝采を受けた。朝日新聞では
日本新聞協会賞へのノミネートも検討された。

東電は報道の翌日の 5 月 21 日、広瀬直巳社長が衆院経済産業委員会での答弁で従来通り「撤退はなかった」として報道内容を否定した。6 月になるとノンフィクション作家の門田隆将氏[5] が朝日の報道を批判するなどしたが、朝日新聞は「記事は正しい」との姿勢を崩さなかった。

　風向きが変わり始めたのは、8 月に入って産経新聞や読売新聞が相次いで「独自」に吉田調書を入手し、朝日の報道を批判し始めてからであった。

　産経新聞は 8 月 18 日の一面で「調書」の中で吉田所長が「全面撤退」を明確に否定し、首相退陣後に「撤退」について発言する菅直人氏に対し、強く憤っていると伝えた。3 面には門田隆将氏が「朝日は事実曲げてまで日本人おとしめたいか（ママ）」の見出しで寄稿している。読売新聞も 8 月 30 日の朝刊で「命かけて作業した」「逃亡報道悔しい」とする作業員の談話を掲載、やがて毎日新聞も「入手」して朝日の報道に疑問符をつける報道を行った。

　ここで気になるのは、それまで政府が頑なに公開を拒んでいた「吉田調書」が堰を切ったように「入手」されるようになったこと、そして一様に朝日の報道への批判がなされていることである。一部には朝日の報道の影響を削ぐために官邸筋が他社の記者たちに問題点をレク（説明）したり、意図的にリークしたとする説もある。例えば「吉田調書」報道で木村・宮崎とチームを組み、デスクを務めた鮫島浩氏は朝日新聞退社後に書いた著書の中で次のように記している。

　　　私のもとへは「官邸が報道各社へ朝日の吉田調書報道のどこが間違っているかを非公式にレクチャーしはじめた」「官邸はマスコミ対策を終えた後に一転して吉田調書の公開に踏み切る。朝日報道は誤報だとレクチャーされた各社は一斉に朝日批判を始める」という情報が集まってきた[6]。

　裏付けは示されていないが、政治部出身の記者らしい情報収集力を感じる。3.11 当時の民主党政権にかわり、2012 年末に政権を奪守して首相に返り咲いた安倍晋三氏の政治信条ゆえの朝日新聞への対抗意識と、翌年に予定された原発再稼働への動きを考えると、十分にあり得る話であった。

（2）記事の取消しと記者の左遷

　やがて驚くべき事態が起こった。記事掲載から約4ヶ月が経った9月11日、朝日新聞の木村伊量社長（当時）が突然記者会見を開き、「命令違反で撤退」とした記事を取り消し、謝罪したのである。前代未聞の珍事であった。

　社長の不可解な行動の背景には二つの出来事があった。一つは記者会見のおよそ1ヶ月前の8月5、6日に紙面で「過去の従軍慰安婦報道の誤り」の検証結果を発表したこと。何度か紙面で紹介してきた、朝鮮半島から「慰安婦」となる女性を強制連行したという元日本兵の証言が虚偽であったことを認めたのである。しかし、この時の検証紙面で「謝罪」をしなかったために、「長年誤報を放置して国際社会における日本の名誉を貶めたことへの反省が足りない」と強い批判にさらされた。二番目は、朝日の対応を批判するジャーナリスト池上彰氏の9月2日のコラム記事を不掲載にして、広く世論の批判を浴びたことである。

　9月11日の木村社長による「記事取消し」と「謝罪」はこの二つの失策が重なって追い込まれた末の窮余の策であったと言われる。木村社長は「吉田調書を読み解く過程で評価を誤り、『命令違反で撤退』という表現を使った結果、多くの東電社員らがその場から逃げ出したような印象を与える、間違った記事だと判断いたしました」と述べた[7]。

　「誤報」と認めたことで、木村社長は辞任に追い込まれ、記事を書いた木村、宮崎の両記者も懲戒処分となって現場を追われ、やがて社を去ることになった。原因は記事が「吉田調書」の数多ある文言の中で次の一節にこだわったことにあった。

　　本当は私、2Fに行けと言ってはいないんですよ。ここがまた伝言ゲームのあれのところで、行くとしたら2Fかという話をやっていて、退避をして、車を用意してという話をしたら、伝言した人間は、運転手に、福島第二に行けという指示をしたんです。私は、福島第一の近辺で、所内に関わらず、線量の低いようなところに一回退避して次の指示を待てと言ったつもりなんですが、2Fまで行ってしまいましたと言うんで、しようがないなと[8]。

東電テレビ会議を筆記した柏崎刈羽メモによれば、朝6時42分に吉田所長は「第一原発の線量の低いところへの退避」という指示を確かに出している。その限りでは、多くの所員は「命令に違反」とも言えるが、吉田所長は調書のこの回答の直後に「よく考えれば2Fに行った方がはるかに正しいと思った」と、当時の自らの判断に疑問符をつけている。この点をもって他の新聞社や朝日新聞の上層部は記事の妥当性を疑い、朝日の社外有識者による「報道と人権委員会（PRC）」は「報道は裏付け取材がなく、公正で正確な姿勢に欠けた」との見解を示した。

（3）見失われた重要課題

　この一件についての筆者の判断を問われれば、東電テレビ会議の記録や吉田調書をよく読めば、前日14日の夕刻から格納容器の圧力が上昇する危機の中で吉田所長を含む東電幹部が、もしもの場合の2F（第二原発）への退避を何度か具体的に語っていることから、少なくとも退避指示が出された時点で誰もが第二原発へと動いたであろうし、当初2号機の異変と思った吉田所長がその後に考えを変え、退避先を変えるよう指示したとしても、止まらない流れだったと考える。そこで「命令違反」という言葉を使ったのは、当時の現場の文脈に則していないと批判されても仕方なかったであろう。

　ただし、「誤報」や「記事取り消し」と貶めることには全く同意できない。この一件には、記事化して社会に問題提起すべき「核心」があるからだ。

　記事によって中傷されたと感じた東電関係者には恐縮だが、このとき焦点になった「命令違反」であったかどうかは、この一件の中ではそれほど重要な問題ではなかった。この一件の焦点となるべき「本質」は原発の、あるいは日本の「存亡の危機」に、所員の9割が現場から10キロ先に「退避」したこと自体をどう考えるか、にあった。それが命令によるものであったのか所員のパニックによるものであったのかは重要な意味を持たない。一部を残した「退避」なのか、「（全面）撤退」なのかも、後述するように残留した所員が事故の収束に大きく貢献したわけではないので、本質ではなかった。どちらも事故収束に責任をもつ東電の体面に関わることではあるが、後述するような日本の原

子力体制の根本的な矛盾に紐づく事柄ではなかった。

　では二人の記者はこの問題の本質をどう見ていたのだろうか。5月20日の朝日新聞2面の最後にはこう書かれていた。

　　吉田調書が残した教訓は、過酷事故のもとでは原子炉を制御する電力会社の社員が現場からいなくなる事態が十分に起こりうることだ。その時、誰が対処するのか。当事者ではない消防や自衛隊か。特殊部隊を創設するのか。それとも米国に頼るのか。現実を直視した議論はほとんど行われていない。自治体は何を信用して避難計画を作ればよいのか。その問いに答えを出さないまま、原発を再稼働して良いはずはない。

　つまり「撤退」によって、誰が事故を収束するのか、責任の所在が分からなくなったことにこそ、深掘りされるべきポイントがあると指し示している。二人の記者はこのテーマを連載によって深めることを企図していた。しかしこの一件で躓いたことで朝日新聞はさらなる追及ができなくなり、さりとて他の新聞やジャーナリストも朝日叩きには精を出すが、本質についての後追いはしなかった。

　そして報道と世論は別の方向に動いた。事故後、吉田所長をはじめ福島第一に居残った69人は「フクシマフィフティ」と呼ばれるようになっていた。事故から日本を救った「英雄」と国内でも海外でも称賛され、やがて映画も作られた[9]。他者のために自らの命を捨てる「自己犠牲」の精神が海外からも賞揚され、彼らは震災と原発事故で自信を失いかけた日本人の心に救いをもたらす存在となっていた。当然のように、それに棹さした朝日の報道は人々の感情的な反発を呼び、「誤報」とされてからはネット上でも炎上が続いた。

　しかし東電テレビ会議の記録や「吉田調書」など、政府事故調の資料から浮かび上がる「フクシマフィフティ」の実像は違う。例えば3月15日の朝7時20分から11時25分までの約4時間、18時43分から16日1時24分までの約6時間半は原子炉の水位や圧力などパラメーターのデータが残っていない。原発サイトの空間線量が高くなる中で残された所員たちはデータが見られる中央操作室（中操）を離れて、400m先のより安全な重要免震棟に籠っており、時

折中操に出かけてチェックすることしかできなかったのだ[10]。これでは1〜4号機で起きている事態をリアルタイムで把握することも、弁の操作で圧力を調整することもできない。また早朝の4号機の水素爆発に続き午前9時50分に同じ4号機で火災が発生した際にも、専門の自衛消防隊員が第二原発に退避していたため自力で消火できず、地元の消防隊や自衛隊に連絡し続けた。そしてついに在日米軍に泣きついて消防車を派遣してもらった（幸い火災は短時間で自然鎮火した）。

　さらに15日から翌日にかけて福島第一原発からは最大量の放射性物質が放出され、福島県はじめ周辺各県にまたがる広域な放射能汚染がもたらされている。居残った所員たちは一部の注水や連絡要員としての役目は果たしたが、被害の拡大を食い止める役割を十分に果たしたとは言えない（七沢，2017）。しかし英雄賛美の陰に隠されたその実態を伝える報道はほとんど無かった。

　つまり、朝日の二人の記者が提起した、究極の場面での事故処理の主体の揺らぎと、誰が最後に責任を取るのかという、原発事故のクライマックスで露見した課題は、メディアと世論の「甘い感傷」の中で宙吊りにされ、その後忘却の闇に埋め込まれてしまったのだ。

4　リベンジのメディアスクラム

（1）メディアスクラム

　メディアの「物語」を続ける。2014年の夏、福島原発事故の第一級の資料である「吉田調書」をスクープした朝日新聞を相手に、同業の他社はまるでスクラムを組むように一斉に批判を浴びせた。中には政府のコントロールに意識的に、あるいは無意識に従い、部数争いのライバルを蹴落とすチャンスとばかりに筆を取るメディアもあったように見受けられる。つまりそれは権力に対抗してメディアがスクラムを組む、本来のメディアスクラム[11]ではなく、権力に擦り寄り、バッシングされているものをさらに叩こうとするスクラムであった。ジャーナリズムの精神からは程遠い所業であり、己の本分を忘れた「メディアの敗北」であった。そしてその結果謝罪に追い込まれ、社長の辞職や記者たちの懲戒処分などで朝日が負った傷は深かった。

そんな喧騒から6年半、事故から10年が経った2021年3月6日に一つのテレビ番組が放送された。その番組は朝日新聞社ではなく、そこから「追放」された二人の記者の抱いた志に連帯のスクラムを組む内容であった。

（2）原発事故10年のテレビ番組　NHK・ETV特集「原発事故"最悪のシナリオ"～そのとき誰が命をかけるのか」

この番組（以下『最悪のシナリオ』）は題名の通り、福島原発事故後に事故収束に関わった主体（セクター）が、次々に襲来する困難の中で、どのようなパースペクティブを持って事に当たったのかを「最悪の事態の想定」に的を絞って調査している。そして事故収束のセクターを東京電力、日本政府のみならず、自衛隊、アメリカ政府、在日米軍にまで広げて全体を俯瞰している。

その中で放射能拡散予測をもとに、いち早く原発から80キロ圏外への自国民の避難を勧告したアメリカ政府や、軍人を含む9万人近い自国民の西日本や海外への退去を計画した在日米軍に比べ、場当たり的対応に終始し、事故から2週間後にようやく学者に依頼して「最悪のシナリオ」を作った日本政府の対応が批判の的となる。しかも政府のごく一部の人間しか目を通さない非公開の扱いであり、その理由は「パニックを招かないため」と説明された。これは37年前のチェルノブイリ事故の際、厳しい情報統制で真実を隠蔽し、市民の避難にも遅れを来したソ連政府の口実と同じであった。

（3）戦後日本の建て付けが揺らいだ

こうした展開の中で、番組はこの事故収束をめぐる混乱が、戦後の日本という国家の建て付けと、原子力平和利用という呼び名で行われる事業の間にある本質的な矛盾に起因していることを次第に浮かび上がらせていく。

3月15日未明に菅直人首相が東電本店に乗り込み、「撤退は許さない」「命をかけてください」と社員たちに呼びかけた演説について、番組の石原大史ディレクターはこの発言の法的根拠を問題にして菅直人元首相に問いかける。「日本国憲法18条に『何人も、いかなる奴隷的拘束も受けない』『その意に反する苦役に服させられない』と定めてあります。国家が東電の人たちに留まってくれと言った場合、これに抵触するのではないでしょうか？」

菅氏は絶句し、10秒間沈黙した後に「超法規的な措置だったが、国の責任としてやらざるを得なかった」と答えた。リベラルを自認する菅氏が、人権を重んじる憲法を持つ戦後日本ではあり得ない「命令」を、発せざるを得ない状況に追い込まれていたのだ。

　もう一つは自衛隊の対応をめぐる葛藤だ。原子力の平和利用は日本では1950年代から国策として進められてきたが、原子力発電所は民間会社である電力会社の所有物であり、運転管理はもちろん、事故の際の対応や収束作業は電力会社の責任で行われることが原子力災害対策特別措置法にも明記されている。したがって国の機関である自衛隊の原子力災害対処計画には、事故の際の住民の避難や除染などは想定されていても、オンサイト（原発敷地内）での作業は想定されていなかった。それにもかかわらず1号機が爆発する3月12日から消防車を使った原子炉への注水作業を依頼され、14日には給水作業のため構内に入った隊員6名が3号機の爆発に遭遇し、飛んできた瓦礫が当たって1人が背骨にひびが入る重傷を、3人が打撲を負った。そして15日の非常事態を経て16、17日には、冷却水が失われた場合の炉心の損傷が懸念された4号機、3号機の使用済み核燃料プールに、ヘリコプターで上空から放水する作業に動員されることになった。これは事故をめぐる日本の対応に業を煮やしたアメリカ政府や米軍からの圧力もあって自衛隊自ら立案した「作戦」だったが、取材に応じた当時の北澤俊美防衛大臣は大量被曝の危険のあるこの「作戦」の決断に際しては若い隊員たちの顔が浮かび、夜は眠れなかったと告白した。使用済み核燃料が溶融して高熱を発している場合、放水によって水蒸気爆発が起こることも予想され、命がけの作業になることを知っていたからだ。

　17日早朝に米軍の制服組トップのマイケル・マレン統合参謀本部議長と電話で会談した折木良一自衛隊統合幕僚長は、司令官としての覚悟を問うマレン議長に対して「我々は国のために命がけで闘う」と答えたことを証言した。「命がけ」はそれまで自衛隊ではあまり使われない言葉だったが、これ以後使われるようになったという[12]。

　憲法9条で戦争の放棄とそのための戦力の不保持を掲げる日本の自衛隊は「軍隊」ではない。だがこの時「決死の覚悟」をしたことは、戦争に際して軍隊に求められる「犠牲を厭わない」精神を引き受けたことになる。そしてそれ

は自衛隊の「変質」を意味していた。

NHK の番組『最悪のシナリオ』は、朝日新聞の記者が3月15日早朝の「東電撤退」の様相にこだわる余り陥った膠着を、その時間以降に収束作業の前面に押し出された自衛隊の苦悩に目線を広げることで解き放ち、「誰が命をかけて事故を止めるのか」という、関係者を悩ませながらも社会には不可視にされた究極の問いを浮かび上がらせた。

（4）平和利用と軍事の桎梏

想定もされなかった原発サイトでの収束作業への自衛隊の参加は、軍隊を持たない〈非戦国家・日本〉という戦後日本の建て付けを揺るがすことになった。そして、なぜそうなったのかを考えることは、事態の奥にある「深層」へと人を誘う。それは原子力平和利用と呼ばれる事業が奥底に抱える制御不能な「暴力性」に由来している。

核兵器と違い、核分裂反応を制御しながらエネルギーを生み出す原子力発電所（原発）には様々な安全の壁が構築されているため、決して原爆のように暴走することはない、と言われてきた。しかし実際には1979年にアメリカで冷却水の供給不足により原子炉が空焚きされ、高熱となった核燃料が損傷して溶融、放射能が原発サイトから漏れ出る事故が起こり、1986年に旧ソ連で原子炉の核分裂反応が暴走して爆発、世界中に放射能が拡散する事故が起こっている。「原子力は制御できる」という〈神話〉は、福島のずっと以前にすでに崩れていたのだ。これらの事故の前には想定しなかったが故に、原子炉が暴れ出した時のリスクは把握されておらず、結局電力会社の手では収まらず、アメリカでもソ連でも軍隊が出動している[13]。

のべ60万人の兵士や予備役などを動員し、チェルノブイリ原発事故の収束作業を指揮した当時のソ連首相ニコライ・ルイシコフは筆者のインタビューにこう答えている。「私は、これを戦場だと思っていました。軍の戦場ではなく、原子の戦場だと思っていたのです」[14]。

原子力平和利用は、もともと核兵器開発の中で生み出された原子炉が船舶の動力や発電に応用され、戦後世界に豊かさをもたらす民生用技術として広められた。しかし想定外の事態で原子炉が暴れ出した時、〈平和〉ではなく〈軍事〉

に、再び身を委ねなければならない宿命にあった。それは自衛隊が前面に押し出された福島でも同様であった。

（5）東電会長の「語るに落ちる」発言

　事故から10年後のNHKの番組『最悪のシナリオ』は、終盤で驚くべき証言を伝える。当時、自衛隊統合幕僚監部運用部長だった廣中雅之氏が事故から1週間が経った3月18日に、東電本店での会合で勝俣恒久東電会長から聞いた言葉を語ったのだ。「瓦礫の撤去を（自衛隊）にしてほしい、と言われるので、それなら自衛隊員を出さなくてもできるのでは、という話をしたら、そこで（会長）はちょっと沈黙をされて"自衛隊に原子炉の管理を任せます"と言われたんですよ」。

　一瞬耳を疑うような発言について番組取材班は勝俣氏に真偽を問い合わせたが、回答は無かったという。しかし自衛隊の中枢・統合幕僚監部の幹部の廣中氏が証言し、同席した細野豪志首相補佐官も同様の内容を話している以上[15]、実際にあった会話だと受け止めるのが自然である。

　東電は3月15日の所員の第二原発への移動は「撤退」でなく、いずれは第一に戻って収束作業をするまでの「一時避難」だったとし、法の定める事業者の責任を放棄していないことを強調してきた。しかしこの時に最高幹部の発した原子炉の管理を"自衛隊に任せます"という言葉は、過酷事故の処理が手に余る電力会社の本音を露呈した、まさに「語るに落ちる」一言だった。

　自衛隊は事故から12年以上が過ぎたいまも原子力施設での事故対応を「行動計画」には入れていない。民間企業である電力会社が頼りにならないことが証明された後も、原発の過酷事故に際して「誰が命をかけて事故を止めるのか」という問いは議論もされず、宙に浮いたままである。『最悪のシナリオ』はその不作為を厳しく批判して番組を終わる。

　他方で番組は「深層」において〈平和国家・日本〉と原発は相反する存在であり、究極においては「軍隊」を持つか、原発をやめるか二者択一を迫られることには言及していない。しかしウクライナでの戦争で原発が襲われてロシア軍の手に落ち、破壊されて放射能を撒き散らす恐怖を逆手に取った占領が続くいま、問いは一層切実さを増している。

5　結びに代えて──原発回帰のかげで

　本章は昨今の日本の原発回帰の背景に福島原発事故の記憶の希薄化があると考え、その一つの原因として、2号機の格納容器の爆発が予想される中、発電所員の9割が10キロ先に避難した事態の「深層」が、政府や電力会社の手で隠されてきたことを挙げ、メディアの力で掘り起こされてもなお、作られた"メディアスクラム"などにより無効化されて闇に埋もれてきたことを示した。そして事故から10年にして再び掘り起こされた事故収束の主体をめぐる動揺の中から、あらためて平和国家と原子力の間のアンビバレンツ（不協和音）が浮き彫りになったことを考察してきた。

　その一方で本章では積み残した宿題もある。朝日新聞を追い込んだ安倍政権によるメディアコントロールについては、NHKや民放の人事や番組への介入があったこともまた昨今表面化し始めたが、紙幅の都合で具体的に言及していない[16]。だが「国境なき医師団」が発表する報道の自由度の国際ランキングで71位（2022年）まで後退した日本のジャーナリズムの劣化過程は、いずれ包括的に検証されなければならない。

　もう一点は「自衛隊の変質」である。2015年9月に採択された「安保法制」により、日本は一定の条件化で集団的自衛権を行使できるようになり、自衛隊が他国（主にアメリカ）の戦争に参加することが可能になった。加えて岸田政権が現在進める安全保障関連3文書の改訂によって、ミサイル発射基地など敵の拠点に対する攻撃も可能になろうとしている。戦後日本の安全保障の大原則「専守防衛」が放棄され、自衛隊は戦争のできる「軍隊」に生まれ変わろうとしている。福島の事故であぶり出された、「軍隊」ではない自衛隊が原発の過酷事故の際に「命がけ」の収束作業を担うことの矛盾は、原発をやめるのではなく、〈平和国家〉という戦後日本の建て付けを変える方向で解消に向かっているように見える。その動きから目を離すことはできない。

　福島原発事故の根幹をなす事象が科学的に解明されていないことも付言しておきたい。一つは3月15日に最大量の放射能を放出したと思われる2号機のどこが、どのような原因で破壊されたのか、という問い。格納容器の一部に穴が空いたとも考えられているが、強い放射線に阻まれて内部の探査が十分でき

ない中、場所の特定もできず、壊れた原因も解明できていない。3 月 15 日午前 9 時 50 分と 16 日早朝に 4 号機で起こった火災が、いかなる原因によるのかも明確ではない。こうした事故像の中心を成す事象すら解明されていないことは、原子力の新たな推進に動こうとする国家の科学技術力への信頼度を引き下げている。

　「国家存亡の危機」に直結する窮地に陥った原子炉をめぐる 12 年の歳月は、政治がメディアに介入（コントロール）し、事故の「深層」を隠して事故像を矮小化し、その後は議論なしに国是を変えながら原子力体制を維持しようする国家産業複合体（原子力村）の身勝手な「復興」プロセスであった。しかし愚民政策であったこの「復興」が取りこぼしているものは、あまりにも大きく、未来への影響は計り知れない。一方、この間に敗北を重ねたメディアはこの 12 年で進んだネット時代の深化の中で生き残るのに精一杯だ。しかし〈安全神話〉に浸かって必要な警告も発せず、少なからぬ人々の生活と健康を奪う罪禍に手を貸した過去と未来への責任を自覚するならば、メディアも国家も、原発回帰のかけ声を発する前に、足元の課題を可視化し、見つめ直すべきであろう。

注

1）朝日新聞社が 2023 年 2 月 18、19 日に行った電話による全国世論調査によれば、停止した原発の運転再開に「賛成」と答えた人の割合は 51％ で、2021 年の 38％ を上回り、初めて 50％ を上回った。2021 年には 47％ あった「反対」は 42％ に減少した（朝日新聞デジタル　2023 年 2 月 20 日記事）。

2）NHK スペシャル『チェルノブイリ・隠された事故報告』（1994 年放送）取材班。ディレクター／七沢潔・井手真也、撮影／中野英世、通訳／アレクセイ・ラズドルスキー、リサーチャー／ミハイル・グーセフ。

3）東京電力・テレビ会議議事録（宮崎・木村編（2013）『福島原発事故　東電テレビ会議 49 時間の記録』岩波書店：pp.348-358 より）。

4）当時の菅直人首相、寺田学首相秘書官、伊藤哲朗内閣危機管理監などによる NHK・ETV 特集取材班への証言から（出典：石原大史（2022）『原発事故——最悪のシナリオ』（NHK 出版：pp.114-149 より）。

5）著書に吉田所長へのインタビューをもとにした、門田隆将（2012）『死の淵を見た男——吉田昌郎と福島第一原発の五〇〇日』PHP 出版、など。

6）鮫島浩（2022）『朝日新聞政治部』講談社：p.239。

7）同、p.248。

8）「吉田昌郎聴取結果書」東京電力福島原子力発電所における事故調査・検証委員会（政府事故調）ヒアリング記録より（2014年9月11日公開）。2011年8月9日午前の聴取ファイル：p.56。

9）映画『Fukushima 50』2020年公開　監督/若松節朗、主演/佐藤浩一・渡辺謙、配給/松竹、KADOKAWA。

10）石原大史（2022）『原発事故・最悪のシナリオ』p.168、および8）の同一ファイル：p.56。

11）例えば1971年、ベトナム戦争を総括したアメリカ国防総省の機密文書（ペンタゴンペーパーズ）を入手したニューヨークタイムズ紙が、政府が国民を欺いて戦争を遂行したと告発する記事の連載を始めたとき、政府は連載の中止を求める訴訟を起こすが、これに抗するようにライバルのワシントンポスト紙が同じ文書を入手して連載を開始、その動きは全米の新聞に広がり、やがて司法はメディアの主張する「国民の知る権利への奉仕」に軍配を上げた。

12）10）の本：p.228 在日米軍主席連絡将校スティーブ・タウン氏の証言より。

13）ソ連では初動から放射線測定にも長けた陸軍化学部隊が投入され、やがて核戦争時に市民を救うために作られた民間防衛隊の隊員や予備役招集された兵士が事故処理のため、大量に動員された。アメリカでは原子力潜水艦に搭載された軽水炉の運転管理に習熟した海軍が技術者たちを現場に派遣した。

14）七沢潔（1996）『原発事故を問う——チェルノブイリから、もんじゅへ』岩波新書：p.76。

15）細野豪志首相補佐官（当時）はETV特集取材班に対し、「（勝俣会長は）私が予想していたよりも、はるかに率直に、もう、やれることは全部やってもらいたいというような話をしたんですよね」と証言（石原，2022：p.248）。

16）NHKの人事への介入は、森功（2022）（『国商——最後のフィクサー葛西敬之』講談社、民放への圧力については総務省文書「『政治的公平』に関する放送法の解釈について（磯崎補佐官関連）」（2023年3月7日公開）（https://www.soumu.go.jp/main_content/000867909.pdf）を参照されたい。

参考文献・番組

朝日新聞 2014年5月20日記事「政府事故調の『吉田調書』入手」。

ETV特集「原発事故"最悪のシナリオ"〜そのとき誰が命を懸けるか」2021年3月6日放送、Eテレ。

石原大史（2022）『原発事故——最悪のシナリオ』NHK出版。

鮫島浩（2022）『朝日新聞政治部』講談社。

東京電力福島原子力発電所における事故調査・検証委員会（政府事故調）中間報告書 2011年 12月 26日、最終報告書 2012年 7月 23日提出。

東京電力福島原子力発電所事故調査委員会（国会事故調）報告書 2012年 7月 5日公表。

東京電力・テレビ会議議事録（福島原発事故記録チーム編、宮崎知己・木村英昭解説（2013）『福島原発事故——東電テレビ会議 49時間の記録』岩波書店）。

七沢潔（1996）『原発事故を問う——チェルノブイリから、もんじゅへ』岩波新書。

七沢潔（2016）『テレビと原発報道の 60年』彩流社。

七沢潔（2017）「シリーズ吉田調書を超えて——第 1回　原発事故の収束は誰が担うのか」『世界』4月号、岩波書店。

七沢潔・中村勝美（2017）「シリーズ吉田調書を超えて——第 2、3回　原発事故と自衛隊（上・下）」『世界』9、10月号、岩波書店。

「福島第一原発事故を考える会」・田辺文也・田中三彦・添田孝史・海渡雄一ほか（2015.2-2016.8）「シリーズ解題『吉田調書』」『世界』岩波書店。

「吉田昌郎聴取結果書」東京電力福島原子力発電所における事故調査・検証委員（政府事故調）2014年 9月 11日公開。

第2部
グローバルな文脈からみた
「3.11」

第6章

原子力災害と被災者の人権
―国際人権法の観点から―

徳永　恵美香

1　はじめに

　本章では、福島第一原子力発電所事故（以下「福島第一原発事故」）によっ
て避難を余儀なくされた原子力災害の被害者である避難者の人権について、国
際人権法の観点から検討する。国際人権法とは、国際法の一分野として、「人
権保障に関する国際的な規範およびそれを実施するための法制度や手続きの体
系」である（申, 2016: p.34）。最初に、権利主体としての被災者の定義をめぐ
る状況を概観するとともに、国内避難民としての側面から検討を行う。次に、
被災者の権利と被災国の義務の内容を概観する。最後に、国連の人権保障制度
から示された勧告等の一例として、福島第一原発事故の避難者の人権状況の
調査を目的として、2022年秋に行われた人権理事会の「国内避難民の人権に
関する特別報告者」（以下「IDP[1] 特別報告者」）（当時）のセシリア・ヒメネ
ス・ダマリー（Cecilia Jimenez-Damary）氏の訪日調査を取り上げ、その調査
結果をまとめた報告書について検討を行う。

2　権利主体としての被災者

（1）被災者の定義

　権利主体としての被災者とはどのような人を指すのか。被災者は、災害の発
生と災害による影響という明確な事実に基づいた状況に直面しており、この事
実に基づいた対応が求められる特別の必要性を持つ存在である[2]。しかし、災
害の定義の場合と同様に、被災者に関する国際法学上の共通の定義は現在ま
でのところ確立していない。法的拘束力をもつ人権条約においても被災者の

定義を有する条約は存在しない。しかし、法的拘束力をもたないものの、国際文書等の中には被災者の定義を置くものが存在する。例えば、国際人権法の観点から、自然災害時に被災者の人権を保障するために必要となる措置を具体的に示した「自然災害発生時における人の保護に関する IASC 運用指針」では、「被災者（affected persons）」（Inter-Agency Standing Committee, 2011: pp.8-9）を、「強制的な移動の有無にかかわらず、ある特定の災害の有害な結果に苦しむ人々」であり、「例えば、ある特定の災害のために、負傷し、所有物と生活手段を損失しおよび他の損害を被った」人々を指すとする（Inter-Agency Standing Committee, 2011: p. 55）。この定義では、強制的な移動を要件とせず、災害による物理的損失、身体的な傷害、または他の損害などの結果によって苦しむ人々を指すとしており、その対象を広く捉えていると言える。また、定義の中に「例えば（for instance）」を用いて、被災者に対して有害な影響を及ぼす状況を列挙しており、列挙された状況以外にも被災者に対して有害な影響を及ぼす状況があることを暗に示唆した定義となっている。

　万国国際法学会[3]による 2003 年の「人道支援に関する決議」の I 条 3 項では、「被害者（victims）」を、「基本的人権または必要不可欠なニーズが危険にさらされる人の集団」と定義する[4]。この定義では、被災者という表現ではなく、被害者という表現を用いている。これは、「基本的人権または必要不可欠なニーズが危険にさらされる」ことによって生じる被害という側面を強調するために用いられたことが理由であると思われる。

　他方、2015 年 3 月に宮城県仙台市で開催された第 3 回国連災害リスク削減世界会議で採択された「災害リスク削減のための仙台枠組 2015-2030」[5]の実施評価を目的として作成された「災害リスク削減の指標と専門用語に関する無期限政府間専門家作業部会報告書」（以下「2016 年 DRR[6] 報告書」）では、「被災者（people who are affected）」を、特定の期間に特定の場所で起こる危険要素の発現である危険な出来事[7]によって、「直接的または間接的に影響を受ける人々」であると定義する[8]。この定義では、「被災者」を、災害によって直接的に影響を受ける人々と、間接的に影響を受ける人々に分類している点に注意が必要である。同報告書は、直接的な影響とは、生命、心身の傷害、病気、または他の健康への影響や、生活手段、経済的、物理的、社会的および環

境的資産に対する影響などがあり、直接的な影響を受ける被災者は一時的また
は中長期的に避難や移住を余儀なくされることなどがあると指摘する[9]。間接
的な影響の場合は、災害の結果に重きを置きつつ、経済、重大な社会基盤施
設、基礎的な公益事業、もしくは商業における混乱や変化、または社会、健康、
心理的結果などを理由として被災者が苦しむ場合を指すと指摘する[10]。ただ
し、人が災害の「影響を受ける」とはどの程度の被害を意味するのかに関して、
2016 年 DRR 報告書の定義では要件などは示されておらず、その内容は明らか
でない。

（2）国内避難民としての側面

　災害の発生やその影響によって避難を余儀なくされた被災者は国内避難民と
いう側面も有しており、原子力災害によって国内で避難を余儀なくされた人々
も国内避難民である。この点に関しては、1998 年に国連の人権委員会[11]に提
出された「国内避難に関する指導原則」[12]（以下「指導原則」）が重要な示唆
を与える。指導原則は、国際人権法、国際人道法および難民に関する国際法な
どの既存の国際法において散在的に存在していた国内避難民に関する国家の義
務を国内避難民の有する特別なニーズの観点から言い直し、再編集することで
作成された（Cohen, 2004: pp.465, 473, and 476）。指導原則は、政府間機関に
よる作成過程を経て「採択された」文書ではなく（Cohen, 2004: p.477）、法的
拘束力もない。国内避難民の保護をめぐる法的問題は、国家が自国の管轄下の
国内避難民に対して保護の提供ができない、またはその意思がないにもかかわ
らず、その問題が国家の管轄内に概念的にとどまっている状態とも言えるが
（Helton, 1998: p.538）、指導原則は、この点を既存の国際法の諸原則や規則を
用いていかにして乗り越えるかということに対して一つの解決策を示した。指
導原則に関しては、2005 年の国連首脳会合において国内避難民の保護に関す
る重要な枠組みであるとの認識が示されており[13]、この分野の現在の国際人
権基準を示すものとして大きな意味を持つ。
　国内避難民の定義に関しては、指導原則は、その「序：範囲と目的」で次の
ように定義する。すなわち、国内避難民とは、「特に武力紛争、一般化した暴
力の状態、人権侵害、または自然災害もしくは人為的災害の影響の結果として、

またはその影響を避けるために、自らの住居もしくは常居所から逃れまたは離れることを強制されまたは余儀なくされている者、またはこのような人々の集団であり、国際的に承認された国境を越えていない者」[14] である。この定義の主な特徴は、強制的または非自発的な性格の移動と、国際的に認められた国境を越えないで国内に留まっているという事実の 2 点である（Cohen, 2004: p.466; Kälin, 2008: p.3）。災害の発生やその影響により被害を受け、国内での避難を余儀なくされる被災者は、文言上、指導原則の定義に当てはまる。

　被災者に関しては、災害発生後に集団として移動を余儀なくされるという側面だけでなく、災害の発生という同一の原因によって被災者という集団が生まれ、移動先などで人権侵害にさらされる事態も想定される（奥脇 , 2006: p.72）。指導原則では、被災者が移動中または移動先などで政治的または民族的理由で政府によって差別される、または他の方法で人権侵害の被害者となっている状況を考慮し、武力紛争などを理由として国内での移動を強制される人々という従来想定された国内避難民とともに、自然災害または人為的災害を理由として国内での移動を強制される人々もその定義の中に加えられた（Cohen, 2004: p.466）。例えば、災害の発生とその影響を受けて被災者が強制的または非自発的な国内移動を行い、当該被災者が民族的マイノリティとなる地域に移動した場合には人種差別の被害を受ける可能性があり、女性や子どもなどの場合はさらに性暴力やジェンダーに基づく暴力の被害を受けるなどの事態も考えられる（Kälin, 2008: p.4）。

　他方、国内避難民は人権条約の締約国内にいる人たちとすべての同様の権利を有する（Zetter, 2010: p.166）が、指導原則で示された国内避難民の定義は、国際法に基づく難民の法的地位とは異なり、法的な定義ではない点に注意が必要である（Kälin, 2008: p.4）。国内避難民の権利と保護は、人であるというその事実と、特定の国の市民または居住者である事実から導き出されるものであり、国内避難民が出身国または常居所のある国の中で強制的または非自発的な国内移動をするという事実に基づいた特有の脆弱性と特別なニーズを有していることから生じるものである（Kälin, 2008: pp.4-5）。また、指導原則の「序：範囲と目的」で示された国内避難民の定義では、「（…）の影響の結果として、またはその影響を避けるために」との表現が用いられている点に注意が必要で

ある。これは、移動を強制するような性格を有する要因の影響の結果、または
そのような影響を想定して回避するための行動を取った結果、強制的または
非自発的な国内移動をするという状況に対応することを想定した表現である
（Kälin, 2008: p.5）。この点、例えば、原子力災害が発生した場合、被災者は特
に放射性物質からの恐怖、脅威および被ばくのリスクを避け、自らまたは家族
の生命や健康を守るために、放射性物質によって汚染された、または汚染され
た恐れのある場所から安全な場所へ強制的または非自発的な避難を余儀なくさ
れる。したがって、原子力災害による避難者は指導原則の定義に当てはまる。

3　被災者の権利と被災国の義務

　被災者の権利には、差別の禁止、生命に対する権利、健康に対する権利、住
居に対する権利、食料に対する権利、水に対する権利、情報に対する権利、教
育に対する権利および避難に対する権利など、災害時に被災者を保護する上で
考慮されうるすべての権利が含まれる[15]。人権条約の締約国にはこれらの権
利を実施する法的義務がある。例えば、差別の禁止に関しては、「あらゆる形
態の人種差別の撤廃に関する国際条約」や「女性に対するあらゆる形態の差別
の撤廃に関する条約」といった差別の禁止に焦点を当てた人権条約があり、人
権条約の条文では、「市民的および政治的権利に関する国際規約」（以下「自由
権規約」）2条1項（差別の禁止）、同24条1項（子どもの権利と差別の禁止）、
同26条（法の前の平等）、同27条（マイノリティの権利）などがある。

　これらのうち、例えば、自由権規約は、締約国には、「その領域内にあり、
かつ、その管轄の下にあるすべての個人に対し、人種、皮膚の色、性、言語、
宗教、政治的意見その他の意見、国民的もしくは社会的出身、財産、出生また
は他の地位等によるいかなる差別もなしにこの規約において認められる権利を
尊重しおよび確保」する義務があり（同2条1項）、「この規約において認めら
れる権利を実現するために必要な立法措置その他の措置をとるため、自国の憲
法上の手続およびこの規約の規定に従って必要な行動をとる」義務があると
規定する（同2条2項）。すなわち、自由権規約の締約国には、無差別・平等
に関する国家の義務に基づき、立法措置やその他のすべての適当な措置を用い、

管轄下にある被災者の権利を確保するために実効的な積極的措置をとる義務があると言える。

　福島第一原発事故との関連では、「達成可能な最高水準の心身の健康の享受に対する権利に関する特別報告者」が 2012 年 11 月 15 日から 11 月 26 日にかけて実施した訪日調査結果をまとめた報告書において、健康に対する権利の観点から、公衆被ばく線量限度を年間 1 ミリシーベルト以下とするという明確な基準を示すとともに、日本政府に対して抜本的な対応の転換と、被災者の権利を実効的に確保するための積極的措置の実施を求めた[16]。

　また、人権条約機関は、人権条約の締約国の人権状況を審査する政府報告審査制度の中で、福島第一原発事故に関する複数の勧告を行っている。例えば、2016 年の女性差別撤廃委員会の日本政府報告審査では、健康に対する権利に関する「女性に対するあらゆる形態の差別の撤廃に関する条約」12 条に基づいて、福島第一原発事故に関連する避難指示区域の解除計画に対して懸念が表明された[17]。同委員会は、女性が男性よりも放射線に対して敏感である点を考慮した上で、放射線によって汚染された地域を避難指示区域から解除することが女性や女児に影響を与える危険要因に関する国際的基準と矛盾しないようにすることと、放射線の影響を受けた女性や女児に対する医療とその他のサービスの提供を強化することを勧告した[18]。

4　国内避難民の人権に関する特別報告者の訪日調査

（1）報告書の概要

　IDP 特別報告者の訪日調査は、2022 年 9 月 26 日から 10 月 7 日まで実施された。この訪日調査の目的は、人権理事会の特別手続きに基づき、福島第一原発事故に起因して国内での避難を余儀なくされた国内避難民である避難者の人権状況を調査することである。人権理事会の特別報告者は、人権理事会の特別手続きを行うために任命される、個人資格でかつ独立性を認められた人権の専門家である[19]。その主な任務は、人権理事会から委任された人権侵害の調査や緊急事態などに介入する権限に基づいて、国内避難民の人権や差別の禁止などの特定のテーマと特定の国に関して関係国の訪問調査や各テーマに関する

研究調査を行い、その調査結果の公表や、助言、勧告等を行うことである[20]。特別報告者から示された見解や勧告には法的拘束力はないが、これらが人権理事会の特別手続きの中で出されるものであり、かつ独立性を確保する専門家によって実施されることを考慮すると、国連加盟国である国家は特別報告者からの助言や勧告を誠実に履行することが求められる（小坂田，2017）。

　IDP 特別報告者は、この訪日期間中に、国、都道府県および市町村自治体で公務員や議員、被害者である国内避難民、非政府組織（NGO）や市民団体、弁護士および研究者などと直接面談してインタビュー調査を行い、調査最終日に予備的所見を暫定的に発表した[21]。この予備的所見を踏まえつつ、さらに国内避難民の人権に関する専門的知見から分析を加えた最終的な見解や勧告を含む報告書[22] は、2023 年 6 月から 7 月に開催された第 53 会期人権理事会に提出された。この報告書で、IDP 特別報告者は、福島第一原発事故発生時から現在に至る一連の政府の対応をめぐる課題を指摘した後、さまざまな権利の観点から、国内避難民である福島第一原発事故の避難者の権利に関する問題を指摘し、とるべき措置について勧告している。ここで指摘された権利には、差別の禁止、情報に対する権利、参加に対する権利、救済に対する権利、家族生活に対する権利、住居に対する権利、健康に対する権利、清潔で健康かつ持続可能な環境に対する権利、生計に対する権利、教育に対する権利が含まれる。本章では、IDP 特別報告者が報告書の中でやや強い表現を用いて強調した差別の禁止と、住居に対する権利の侵害に焦点を当てる。

（2）差別の禁止と平等の確保

　IDP 特別報告者は、依然として避難指示が出されている地域からの避難者も、避難指示が解除された地域からの避難者も、この原子力災害を避けるために避難指示はないが避難した避難者も、指導原則で示された国内避難民の定義に当てはまる国内避難民であり、彼ら／彼女らの権利にいかなる違いはないと指摘する[23]。IDP 特別報告者は、福島第一原発事故の発生以降、「強制的な」避難者と「自主的な」避難者に対する支援と保護が差別的に提供されていることに懸念を示し、次のように勧告した[24]。

……特別報告者は、「強制的な」国内避難民と「自主的な」国内避難民の間の差別的な区別は、すべての行政的および法的政策、ならびにそれらの実質的な実施において完全に撤廃されるべきであると強く勧告する。

　IDP特別報告者によるこの指摘は、国家には、国際法、特に国際人権法に基づいて国内避難民に対する支援と保護を、いかなる差別もなく、かつ平等に行うべき法的義務があり、強制避難指示に基づく地域から避難してきたかどうかで「強制的な」避難者と「自主的」な避難者という分類を行い、差別的な取り扱いをすることは許されないということを明確に示している。避難が「強制的」か「自主的」かによって、避難者に対する財政支援や住宅支援などに関する措置に差別的な区別を設けることは国際人権法に違反する措置であり、日本政府や各地方自治体に対して、そのような差別的な取り扱いを止めるように勧告していると言える。

（3）住居に対する権利

　住居に対する権利に関して、IDP特別報告者は次のように指摘して、避難者に対する住宅支援の打ち切りと立ち退きをめぐる問題に強い懸念を示している[25]。

　国内避難民の生命または健康が危険にさらされる場所に国内避難民が非自主的に帰還することを防ぐ措置のないままに、国内避難民を公営住宅から立ち退かせることは、国内避難民の権利の侵害であり、場合によっては強制立ち退きに相当する可能性があると考える。

　IDP特別報告者は、この点を踏まえて、公営住宅での居住の継続を求めるのは主にどこにも移動する手段のない世帯であり、立ち退きを彼ら／彼女らに求めることは、貧困か潜在的に家のない状態にすること、もしくは、放射線に対する懸念や基礎的なサービスの欠如にもかかわらず、以前居住していた地域社会に戻ることとの間での選択を迫ることであると指摘する[26]。報告書の中で、「権利の侵害（a violation of their rights）」という表現が用いられたのはこの

部分のみである。人権理事会の特別手続きの下での特別報告者による調査は、関係国との対話によって問題の解決を図ることを目指すものであり、調査結果をまとめた報告書の中で関係国を刺激する強い表現を避ける場合が多い。しかし、今回、避難者の公営住宅からの立ち退きに関して「権利の侵害」という表現を用いたということは、IDP特別報告者がその専門的知見から権利侵害であると捉えており、その解決に向けた措置をとるべきことを日本政府に求めていると言える。

5　おわりに

　本章では、最初に被災者の定義について、国内避難民という側面を踏まえて検討を行い、その後、2022年のIDP特別報告者の訪日調査を取り上げ、特に差別の禁止と住居に対する権利に焦点を当てて検討を行った。IDP特別報告者は、今回の訪日調査に関する報告書において、国際法の観点から、国内避難民の権利保障のためにとるべき措置の中で、措置をとることができている部分とできていない部分を具体的に示し、できていない部分の措置をとることを日本政府に対して求めている。これは、国内避難民の権利保障に関する国家の義務違反について、IDP特別報告者が日本政府を批判することを今回の訪日調査の目的としているのではなく、福島第一原発事故に起因する避難者の人権侵害の問題を解決するために必要な措置を勧告することで、日本政府と対話を行うことを目指していることを示している。人権理事会は、対話と協力に基づいて人権の侵害を防止し、危機的な人権侵害の状況に対応することをその任務としている。今回の特別報告者による訪日調査も、政府との対話を通じて福島第一原発事故の避難者の人権状況の解決を目指しており、その趣旨に照らせば、IDP特別報告者から示された勧告は法的拘束力を有していないとしても、国連加盟国として尊重すべきであり、誠実に実施することが求められる。

　他方、この報告書の名宛人である日本政府は、2023年の第53会期人権理事会において、IDP特別報告者の訪日調査に関する報告書に対して批判的な発言を行うとともに、自らの立場を示した文書[27]を人権理事会に提出した。国連加盟国には、特別報告者が報告書を公表する前に、報告書の中で言及されてい

る法律や事実に齟齬がないかどうかを確認することが国連の手続上認められているが、日本政府が今回提出した文書はその際に作成された文書が用いられたことが推察される内容になっている。しかし、日本政府は、2017年の人権理事会の定期的普遍的審査の第3回審査において、ポルトガルから示された勧告（「影響を受けたすべての人たちの再定住に関する政策決定過程において、女性と男性の双方の十分かつ平等な参加を確保するために、福島第一原子力災害によって影響を受けたすべての人たちに対して、国内避難に関する指導原則を適用すること」）[28]を受け入れると回答している[29]。このことは、日本政府が福島第一原発事故の避難者を指導原則の定義に含まれる国内避難民であると認めたということである。日本政府は、今回のIDP特別報告者の勧告を真摯に受け止め、指導原則に基づいて、福島第一原発事故の避難者の人権状況の解決のためにとりうるあらゆる措置をとることが要請されている。

＊本章は、JSPS科研費JP20K01313およびJSPS科研費21H00501の助成による研究成果と、筆者の博士論文「人権条約上の被災国の義務—被災者の生命の保護と人道支援の提供—」（令和4年度、大阪大学）における研究成果に基づく。

注

1）IDPはinternally displaced personsの略である。

2）International Law Commission, Preliminary report on the protection of persons in the event of disasters by Mr. Eduardo Valencia-Ospina, Special Rapporteur, A/CN.4/598, 5 May 2008, para. 50.

3）Institute of International Law (IIL), "About the Institute," https://www.idi-iil.org/en/a-propos/（最終閲覧日：2023年8月28日）

4）IIL, Sixteenth Commission, Humanitarian Assistance, Resolution, Bruges Session, 9 February 2003, Art. I. 3.

5）United Nations (UN), Sendai Framework for Disaster Risk Reduction 2015–2030, A/CONF.224/CRP.1, 18 March 2015.

6）DRRはDisaster Risk Reductionの略である。

7）UN General Assembly (UNGA), Report of the open-ended intergovernmental expert working group on indicators and terminology relating to disaster risk reduction, Note by the Secretary-General, A/71/644, 1 December 2016, p. 20.

8） *Ibid.*, p.11.

9） *Ibid.*

10） *Ibid.*

11） 人権委員会は人権理事会の前身である。人権理事会は 2006 年に設置された。

12） Economic and Social Council, Guiding Principles on Internal Displacement, E/CN.4/1998/53/Add.2, 11 February 1998.

13） UNGA, Resolution adopted by the General Assembly on 16 September 2005, 60/1. 2005 World Summit Outcome, A/RES/60/1, 24 October 2005, para. 132.

14） E/CN.4/1998/53/Add.2, *supra* note 12, para. 2.

15） A/CN.4/598, para. 26.

16） 詳細は、徳永恵美香（2016）「福島第一原子力発電所事故と国際人権——被災者の健康に対する権利と国連グローバー勧告」『難民研究ジャーナル』第 6 号、現代人文社：pp.81-99 参照。

17） Committee on the Elimination of Discrimination Against Women, Concluding observations on the combined seventh and eighth periodic reports of Japan, CEDAW/C/JPN/CO/7-8, 10 March 2016, para. 36.

18） *Ibid.*, para. 37.

19） 国際連合広報センター「特別手続き」https://www.unic.or.jp/activities/humanrights/hr_bodies/special_procedures/（最終閲覧日：2023 年 8 月 28 日）

20） 同上。

21） Office of the United Nations High Commissioner for Human Rights,, "End of Mission Statement, Mission of the Special Rapporteur on the human rights of internally displaced persons to Japan" (7 October 2022) ⟨https://www.ohchr.org/en/special-procedures/sr-internally-displaced-persons/country-visits⟩, p.1.（最終閲覧日：2023 年 8 月 28 日）

22） Human Rights Council (HRC), Report of the Special Rapporteur on the human rights of internally displaced persons, Visit to Japan, Cecilia Jimenez-Damary, A/HRC/53/35/Add.1, 24 May 2023.

23） *Ibid.*, para. 16.

24） *Ibid.*, para. 101.

25） *Ibid.*, para. 69.

26） *Ibid.*

27） HRC, Report of the Special Rapporteur on the human rights of internally displaced persons, Cecilia Jimenez-Damary, on her visit to Japan, Comments by the State, A/HRC/53/35/Add.3, 23 May 2023.

28) HRC, Report of the Working Group on the Universal Periodic Review, Japan, A/HRC/37/15, 4 January 2018, para. 161.215.

29) HRC, Report of the Working Group on the Universal Periodic Review, Japan, A/HRC/37/15/Add.1, 1 March 2018, para. 161.215.

参考文献

阿部浩己（2005）「新たな人道主義の相貌――国内避難民問題の法と政治」島田征夫編『国内避難民と国際法』信山社。

奥脇直也（2006）「自然災害と国際協力――兵庫宣言と日本の貢献（特集 国際法と日本の対応 II　最近の国際法関係事例の分析）」『ジュリスト』1321 号、有斐閣：pp.66-72。

小坂田裕子（2017）「国連における特別報告者について――国際法学会エキスパート・コメント　No.2017-2」https://jsil.jp/archives/expert/2017-2（最終閲覧日：2023 年 8 月 28 日）

申惠丰（2016）『国際人権法――国際基準のダイナミズムと国内法との協調　第 2 版』信山社。

徳永恵美香（2016）「福島第一原子力発電所事故と国際人権――被災者の健康に対する権利と国連グローバー勧告」『難民研究ジャーナル』第 6 号、現代人文社：pp.81-99。

Cohen, R. (2004) "The Guiding Principles on Internal Displacement: An Innovation in International Standard Setting," *Global Governance*, Vol. 10, No. 4, pp.459-480.

Helton, A. C. (1998) "Legal Dimensions of Responses to Complex Humanitarian Emergencies," *International Journal of Refugee Law*, Vol. 10, No. 3, pp.533-546.

Inter-Agency Standing Committee. (2011) IASC Operational Guidelines on the Protection of Persons in Situations of Natural Disasters, The Brookings–Bern Project on Internal Displacement.

Kälin, W. (2008) Guiding Principles on Internal Displacement: Annotations, Studies in Transnational Legal Policy No. 38, The American Society of International Law and The Brookings Institution.

Zetter, R. and Boano, C. (2010) "Chapter 5 Planned Evacuations and the Right to Shelter during Displacement," in Kälin, W., et al. (eds.), *Incorporating the Guiding Principles on Internal Displacement into Domestic Law: Issues and Challenges*, The American Society of International Law and The Brookings Institution, pp.165-205.

第7章
戦後の核開発国際協調体制と
フクシマの連続性
—UNSCEAR（原子放射線の影響に関する国連科学委員会）を中心に—

高橋　博子

1　はじめに

　2022年1月、小泉純一郎、細川護熙、菅直人、鳩山由紀夫、村山富市の総理大臣経験者の5人は連名で、EUが気候変動対策として原発推進をすることに対する反対声明を送った。

> **欧州委員会委員長　ウルズラ・フォン・デア・ライエン様**
> 脱原発・脱炭素は可能です—EUタクソノミーから原発の除外を—
> 　欧州委員会が、気候変動対策などへの投資を促進するための「EUタクソノミー」に原発も含めようとしていると知り、福島第一原発事故を経験した日本の首相経験者である私たちは大きな衝撃を受けています。
> 　福島第一原発の事故は、米国のスリーマイル島、旧ソ連のチェルノブイリに続き、原発が「安全」ではありえないということを、膨大な犠牲の上に証明しました。そして、私たちはこの10年間、福島での未曾有の悲劇と汚染を目の当たりにしてきました。何十万人という人々が故郷を追われ、広大な農地と牧場が汚染されました。貯蔵不可能な量の汚染水は今も増え続け、多くの子供たちが甲状腺がんに苦しみ、莫大な国富が消え去りました。この過ちをヨーロッパの皆さんに繰り返して欲しくありません。
>
> （以下略）

　それに対して、日本政府はこの声明全体ではなく、「多くの子どもたちが甲

状腺がんに苦しみ、莫大な国富が消え去った」とする記述に反応し、誤った情報だ、と抗議した。高市政務調査会長は「政府に確認したところ福島県の子どもに見つかった甲状腺がんは、国内外の公的な専門家会議で現時点では原発事故による放射線の影響とは考えにくいという評価が出されている」と述べ、山口壯環境相は「福島県が実施している甲状腺検査により見つかった甲状腺がんについては、福島県の県民健康調査検討委員会やUNSCEAR（原子放射線の影響に関する国連科学委員会）などの専門家会議により、現時点では放射線の影響とは考えにくいという趣旨の評価がなされています」としていた。

　それでは政府側が主に科学的見解として依拠するUNSCEARとは、どのような組織なのであろうか。

　佐々木康人（UNSCARE元議長（独）放射線医学総合研究所・前理事長、国際放射線防護委員会（ICRP）前・主委員会委員）と児玉和紀（アンスケアー国内対応委員会委員長、（公財）放射線影響研究所主席研究員）は、日本政府の官邸のサイトに掲載されている「科学者の国際的使命～UNSCEARの功績と日本の貢献～」でUNSCAREについて次のように説明している。

　　少々長くて覚えて頂きにくい名前ですが、UNSCEAR（アンスケアー）とは「United Nations Scientific Committee on the Effects of Atomic Radiation ＝原子放射線の影響に関する国連科学委員会」の頭文字をとったもので、国連の中でも最も歴史のある委員会のひとつです。

　　東西冷戦下で、大気圏核実験が頻繁に行われていた1950年代。環境中に放射性物質が大量に放出され、放射性降下物による環境や健康への影響について懸念が増大する中、1955年の国連総会で、アンスケアーの設立は全会一致で決議されたのです。

　　以来、核兵器《非》保有国の委員が持ち回りで議長を務めながら、放射線の発生源と影響に関する国際的な調査研究成果を包括的に取りまとめ、国際社会に提供してきました。設立当初、日本を含め15カ国だった加盟国は、その後21カ国に増え、さらに今年からは27カ国になっています（「科学者の国際的使命～UNSCEARの功績と日本の貢献～」首相官邸ホームページ https://www.kantei.go.jp/saigai/senmonka_g28.html　2023

年8月29日閲覧）。

　UNSCEAR は現在、東京電力福島第一原発事故後の放射線被曝を説明する
際に、「国際的科学的知見」として依拠されがちである。しかし、UNSCEAR
報告の問題については、川崎陽子「放射線被ばくの知見を生かすために国際機
関依存症からの脱却を」（『科学』2018年2月号）や、筆者も報告した日本科
学史学会第65回年会（2018年5月27日）におけるシンポジウム「放射線影
響評価の国際機関 UNSCEAR の歴史と現在」（コーディネーター：藤岡毅）[1]
などにより、批判的論証がなされている。UNSCEAR はその歴史的経緯をみ
ても、米ソ冷戦の中での核開発史と密接に関連しており、少なくとも被ばくし
た人々を救済するための国際機関ではないからである。

　UNSCEAR の発足した1955年は、ビキニ水爆被災の翌年である。1954年の
米核実験シリーズ「キャッスル作戦」によって、第五福竜丸など、当時太平洋
を航海中であったマグロ漁船、マーシャル諸島の人々、そして米兵が米核実験
によって被災した。この時代の政治・歴史状況と、その中での核実験当局者と
して被災者を生み出した責任機関である米原子力委員会の影響とは密接に関係
があるのである。

　UNSCEAR の具体的な活動については、ネスター・ヘラン（2014）や樋口
敏広（2018）[2] など、近年実証的な研究が出てきている。本章では、歴史的に
みて UNSCEAR はどのような経緯で設立されたのかについて、その設立に関
わった米原子力委員会の科学者メリル・アイゼンバッドの回顧録や[3]、米公文
書を中心に検討したい。

2　米原子力委員会とプロジェクト・サンシャイン

　米原子力委員会（U. S. Atomic Energy Commission）は1946年8月1日の
原子力法の成立によって設立された。1947年1月1日に、米核開発を担って
いたマンハッタン工兵管区の権限を引き継ぎ、開発関連施設は米原子力委員会
の管轄となり、マンハッタン工兵管区で実施されていた放射線の人体への影響
に関する研究も引き継いだ。第二次世界大戦終了に伴って、核を管轄する機関

が軍から民へと移管したのである[4]。

　米原子力委員会は生物医学部（Biological Medical Division）を設置し、そこが放射線の人体への影響研究を引き継いだ。米原子力委員会生物医学部は、科学アカデミー管轄のもとで発足した原爆傷害調査委員会（Atomic Bomb Casualty Commission: ABCC）に調査資金を提供した機関であり、ABCCの研究予算の正当化のために、核兵器開発や民間・軍事防衛計画の作成にとって重要だと研究意義を説明してきた[5]。つまりABCCは、原爆による犠牲者を、核兵器を開発する機関の予算によって研究していたといえる。

　1953年からは、放射性降下物の世界への影響について調査するプロジェクト・サンシャインが実施された。1953年8月6日、米原子力委員会と米空軍の委託を受けたランド研究所は報告書をまとめた。「プロジェクト・サンシャイン：原子兵器の世界的影響 "Project Sunshine: Worldwide Effects of Atomic Weapons"」である。核実験による世界に広がる影響について研究する「プロジェクト・サンシャイン」は米原子力委員会・米空軍・ランド研究所の連携で極秘に開始された。このプロジェクトは1940年代終わりから実施されていた放射性降下物を調査する「プロジェクト・ガブリエル」を引き継いだものである。

　1954年の核実験シリーズ（キャッスル作戦）では、米原子力委員会ニューヨーク作戦本部（United States Atomic Energy Commission New York Operation Office）が、世界中に設置された計測器から降灰データを収集した。そのデータをもとに、ニューヨーク作戦本部は気象局とともに1955年5月17日、報告書NYO-4645を作成した。1984年8月には核防衛局向けに抜粋した報告書にした。

　プロジェクト・サンシャインでは、世界中から人骨を入手して、核実験の放射性降下物によるストロンチウム90の蓄積状況を分析したり、尿や血液から内部被曝の分析をしていた。同調査を行っていた米原子力委員会ニューヨーク作戦本部から、第五福竜丸事件直後に調査のため来日したのが、アイゼンバッドであった。彼は帰国後、同機関の所長となった。

　世界中から人骨を集めるために、あらゆる手段が使われた。1953年12月9日の米原子力委員会生物医学部のロバート・ダドレーからロチェスター大学

ジェームズ・スコット博士への書簡では、「私たちが収集したいサンプルの一つは、死産か1歳か2歳までの乳児の骨です。米国では死産の胎児の骨を入手しやすいことがわかり、外国からの収集へと拡大しようとしています。日本ではABCC（原爆傷害調査委員会）が妥当な打診相手だと思えます。その地域からは、おそらく、6つか8つの骸骨を入手することができると思います」と、とりわけ死産の胎児や乳児の骨の収集を重視し、さらにABCCを通じて入手する考えが書かれていた[6]。

　実際、翌年の1954年7月13日に広島のABCCのクララ・マーゴレス博士から米原子力委員会ニューヨーク作戦本部のジョン・ハーレイ博士に44人の骨が送られた。ニューヨーク作戦本部は数例を除いてABCCから送付された骨のストロンチウム含有量を実際に分析している[7]。

3　ビキニ水爆被災とUNSCEARの発足

　米原子力委員会の科学者は、放射性降下物の人体への影響、とりわけ内部被曝の影響について研究を進める一方で、公式発表の中では、その影響を軽視した言説を繰り返していた。1954年11月には日本学術会議主催の「放射性物質の利用と影響に関する日米会議」が、アイゼンバッドやウォルター・クラウスなど米原子力委員会の科学者を招いて東京で開催された。同会議では、米原子力委員会の科学者たちは、日本の厚生省の被曝マグロ廃棄の基準が「厳しすぎること」を示唆する報告を行った。同会議が影響して1954年3月から実施していた調査が打ち切られた。

　このように、同会議はビキニ水爆被災についての外交問題を、表向きは関係ないかのように演出しながら、実際は直接の外交問題に影響をもたらした会議であった。ビキニ水爆被災について、米原子力委員会が過小評価につながるような活動を活発に実施していたが、UNSCEARもそのような流れの中で、米原子力委員会の強い影響力のもとで1955年に発足した。

　アイゼンバッドによれば、かつてニューヨーク作戦本部の職員であった人物が米上下両院原子力委員会の委員として、環境放射線についての情報を収集し評価するための国連の委員会の価値について彼に問い合わせてきた。ア

イゼンバッドは積極的に賛成し、上下両院原子力委員会の議長のスターリング・コールとその親しい友人でもあるルイス・ストローズ米原子力委員会委員長に相談し、話が進んだ。そしてヘンリー・カボット・ロッジ国連大使が国連総会にてその考えを表明し、その結果として UNSCEAR は発足した。つまり、UNSCEAR は米原子力委員会関係者の強い働きかけによって発足した委員会といえる。

アイゼンバッドによれば、彼はストローズとは政治的見解は違っていた。アイゼンバッドは「リベラル」で民主党側、ストローズは保守的で共和党側ということである。コールとストローズは、アイゼンバッドによると「親しい友人」であるが、筆者の調査でも、その反共思想に著しい共通点がある。

1954 年 3 月 16 日に『読売新聞』が第五福竜丸事件を初めて報道したことにより、ビキニ水爆被災が明るみに出たが、その後の態度が共通している。コール議長は「日本人が漁業以外の目的で実験区域へ来たことも考えられないことはない」と、あたかも第五福竜丸がスパイ目的で実験区域に来たかのように述べていた。またスロトーズも、実際に CIA に第五福竜丸乗組員の思想調査を依頼した。この調査依頼に対して CIA のフランク・ウィズナーは「そのような事実はない」と報告している [8]。

水爆実験によって被害者を生み出した責任者ながら、その責任を自覚するどころか、被害者を「スパイ」視することによって、自分たちが被害者かのような妄想を描き、さらには実際に行動しているのである。米国におけるマッカーシズム時代を象徴するような人物である。

日本および国際的に、米国に対する反米感情および反核感情を抑え込もうとした、米国における「冷戦リベラル」と、ストローズやコールのような反共主義者の思惑が一致して、UNSCEAR の発足へと至ったと言える。なお、UNSCEAR 発足時の米原子力委員会生物医学部長はチャールズ・ダナムであった。彼は ABCC の管轄機関である米科学アカデミーの博士あての手紙で、

　　米原子力委員会は、研究計画を中断しないことを求める、2 つの利害がある。人体への放射線の影響についてのすべての可能な限り科学的な資料を作る必要性と、長崎や広島から広がる放射線の人体影響についての誤解

を招くような不健全な報告を最小限にする必要性である。合衆国が撤退したら、その空間は何かによって満たされるだろう。その何かとは、時に共産主義者によって好まれるような、何か悪いものである。とりわけ広島の場合がそうであろう。そうした場合、世界の科学共同体も合衆国も敗者となってしまう。

と述べ、広島・長崎の被爆者研究を米主導で行うことを述べていた[9]。米原子力委員会の科学者にとって被爆者研究は冷戦下の米ソ競争の一環なのであった。そうした時代に UNSCEAR は発足したのである。

4 UNSCEAR 米側代表

UNSCEAR には米委員として、メリル・アイゼンバッド、元米原子力委員会生物医学部長でハーバード大学教授のシールズ・ウォレン、ABCC の設立に向けての調査にも携わったアルゴンヌ国立研究所のオースティン・ブルースが出席した。

ウォレンは海軍の科学者として広島・長崎の米軍初期調査に携わった後、米原子力委員会生物医学部長として、ABCC の研究方針について深く関わってきた人物である。ウォレンが米原子力委員会生物医学部長だった時代に『原子兵器の効果』が出版されたが、そこではケロイドの症状について次のように説明していた。「ケロイド形成の度合いは火傷の治癒を面倒にした二次的な感染や、栄養不良によって明らかに影響されたが、より重要なことは、人種的特性として日本人にケロイド形成が起こりやすいという周知の事実である[11]。」

ウォレンは 1955 年の米原子力委員会生物医学部諮問委員会の会議にて、ケロイドについて次のようなやり取りをしている。

> ウォレン　横浜や東京からのケロイドと注意深く比較したがまったく同じ
> 　　　　　だった。
> ファイラ　これらは放射線ではなく熱傷からのみ起こり得た。さもなけれ
> 　　　　　ば、彼らは生き残らなかったであろう。

ウォレン　ケロイドには、基本的には3つの原因がある。熱傷、皮膚の下
　　　　　　　に入ったガラスの破片、そして違った種類のさまざまなタイプ
　　　　　　　の切断である。

　「日本人は他のグループよりもケロイドができやすいのか？」との質問に対
して、ウォレンは、「彼らは、ほかの濃い肌の色の人種（pigmentive races）
と同じ傾向がみられる。その多くが、当時の蛋白質の不足した食事、また肉芽
形成によって癒された傷への感染症の合併による」と答えた[12]。
　ウォレンは、ABCC発足前に実施された東京・横浜と広島・長崎のケロ
イドの比較研究を引き合いに出し、また栄養面・衛生面・人種を理由にし
て、原爆による影響を過小評価した。この姿勢は、原爆開発の責任者である
レスリー・グローブズが、日本の場合、食料・医療が不足し、組織的に対処
できないから被害が拡大されたと説明していたのと共通している。ウォレン
は、米原子力委員会生物医学部の初代部長、NCRPおよびICRPの委員、そし
てUNSCEARのアメリカ代表として、放射線の人体影響研究に強力な影響力
をもった。
　さらにもう一人の米代表であるアイゼンバッドはニューヨーク作戦本部長と
して、プロジェクト・サンシャインのためにABCCを通じて人骨を入手する
一方で、広島・長崎の被爆者研究については、UNSCEARの関心事ではない
としている。UNSCEARの第1回会合が1956年10月にニューヨーク国連本
部で開催された。その約2ヶ月前の8月3日、ABCCの小児科医のロバート・
ミラーは以下のような書簡をアイゼンバッド宛に出していた。

親愛なるアイゼンバッド氏
　A. F. オウィング博士はUNSCEARへの抜き刷りの配布についてあなた
に意見を聞くため連絡するよう勧めてくださいました。私たちには、『放
射線研究』1956年5月号に掲載された、ロバート・ウィルソンの論文
「広島・長崎の核放射線」の200部の抜き刷りが手元にあります。その1
部を同封します。
　『小児科』1956年7月号に掲載された私の論文「広島原爆による若者の

被爆の 10 年以内に発生した晩発的影響」の抜き刷りをもうすぐ受け取る
ことになっています。国連を通じてこれらの論文のいずれかの抜き刷りの
配布を希望されますか？　　　　　　　　　　　　　　　　　　　　敬具

ロバート・W. ミラー [13]

それに対してアイゼンバッドは以下のような返事を出した。

親愛なるミラー博士

　ロバート・ウィルソンの論文やあなたの 1956 年 7 月の論文が
UNSCEAR に適切かどうかについて尋ねられた 8 月 3 日の手紙を受け取
りました。

　この委員会は兵器による放射性物質のグローバル・フォールアウトや産
業被曝で起こるタイプの低線量放射線の問題に関心があります。したがっ
て、あなたの提出された報告書は現在の時点では、委員会の関心の範疇を
超えています。

　ご関心を寄せていただいたことに感謝しますし、準備ができましたらあ
なたの報告書を個人的にいただきたいと思います。　　　　　　　　敬具

メリル・アイゼンバッド

所長 [14]

　アイゼンバッドによれば、UNSCEAR は低線量被曝問題が中心であり、「広
島・長崎の被爆者研究は範疇ではない」のである。

　米原子力委員会は、人骨の入手のためなど、都合のよい時のみ ABCC を利
用し、乳幼児や若者に対する影響など、都合の悪い研究については配布しな
かった。そこにアイゼンバッドら米代表の政治的意図が見て取れる。

5　軽視された広島・長崎のフォールアウト

　アイゼンバッドが「広島・長崎の被爆者研究は範疇ではない」とみなしたの
にはどのような背景があるのであろうか。そこには広島・長崎の場合、放射性

降下物は軽視できるという言説が確立していたことが考えられる。

1948年末に、元マンハッタン計画医学部門責任者スタッフォード・ウォレンは次のように説明している。

> 日本の二つの都市で起こったような、上空での原爆の爆発は、爆風によって破壊し、爆風やガンマ線・中性子線の放射によって殺傷する。危険な核分裂物質は亜成層圏にまで上昇し、そこに吹く風によって薄められ消散させられる。
>
> 都市は危険な物質に汚染されるわけではなく、すぐに再居住してもさしつかえない[15]。

すでに1945年9月12日に、マンハッタン計画副責任者のトーマス・ファーレルは、空中高く爆発した広島の場合、「広島の廃墟に放射線はない」と説明していた[16]。この声明のために助言した人物こそがウォレンであった。

米原子力委員会はこの見解を維持し続け、ビキニ水爆被災による「死の灰」が明るみになった約1年後である1955年2月15日に、次のような声明を出している。

「高威力核爆発の影響」1955年2月15日
空中爆発による降灰

　爆弾が空中で爆発して、火焔体が地表に接触しないばあいには、爆弾内で発生した放射能は爆弾の外被自体から生じた固形粒子およびたまたま空中にあった塵だけに凝集する。地表から吸い上げられる物質がないばあいには、これらのものは爆弾から発生する水蒸気および空中の塵に凝集して最も小さな粒子だけを形成する。これらの微小な物体は、数日間、あるいは数ヶ月にわたって、きわめて広範な地域——おそらく全世界に及ぶであろう。しかし、これらの物体はきわめて緩慢に落下するのであって、その結果、地表に到達するまでにはその大部分のものが大気中に消散して無害なものとなり、残存する汚染は広く分散される。

　しかし、爆発が地表もしくは地表近くで爆発し、火焔体が地表に接触し

たばあいには、大量の物質が爆弾雲のなかに吸い込まれるであろう。

　このようにしてできた粒子の多くのものは、重いために、まだ強烈な放射能をもっているうちに急速に降下する。その結果、比較的局限された地域が放射能によってきわめて強く汚染され、これよりもはるかに広い地域でも、ある程度の危険が生じることになる。これら大型の重い粒子は緩慢に広範な地域にわたって浮動するのではなく、急速に降下するために、大気のうちで消散して無害になる時間もなく、また風によって分散される時間もない[17]。

　このような説明は、原子力委員会の科学者に限ったものではなく、実は、ラッセル・アインシュタイン宣言（1955年7月9日）にも反映されている。

　同宣言では、全体としては核戦争の危険性、および放射性降下物の危険性を訴え、その防止をよびかけるものではあるが、核爆発については次のように説明している。

　非常に信頼できる確かな筋は、今では広島を破壊した爆弾の2500倍も強力な爆弾を製造できると述べています。そのような爆弾が地上近く、あるいは水中で爆発すれば、放射能を帯びた粒子が上空へ吹き上げられます。これらの粒子は死の灰や雨といった形でしだいに落下し、地表に達します。日本の漁船員と彼らの魚獲物を汚染したのは、この灰でした。

　死を招くそのような放射能を帯びた粒子がどれくらい広範に拡散するかは誰にもわかりません。しかし、水爆を使った戦争は人類を絶滅させてしまう可能性が大いにあるという点で最も権威ある人々は一致しています。もし多数の水爆が使用されれば、全世界的な死が訪れるでしょう——瞬間的に死を迎えるのは少数に過ぎず、大多数の人々は、病と肉体の崩壊という緩慢な拷問を経て、苦しみながら死んでいくことになります[18]。

　つまり、核戦争の危機を訴えてはいるものの、空中高く爆発した場合の放射線の影響については言及していない。

先述のアイゼンバッドは、広島・長崎の被爆問題と放射性降下物の問題を区別し、子どもたちへの広島・長崎の原爆の影響についての研究成果を国際的に共有することを阻止した。こうしたことによって、現在に至るまで、低線量被曝・内部被曝・子どもの被曝・残留放射線を無視・軽視された核政策へとつながってゆく。

　一方、1958 年に出された UNSCEAR の報告書には、米核実験の一環として実施されたプロジェクト・サンシャインの結果をはじめ、子どもへの内部被曝が報告されていた。

　　5 歳以下の子どもたち（死産の場合をのぞいて）の骨から計測されたストロンチウム 90 の平均値は 1.5 SU〔1 SU は 1 pCi/g〕（カナダ：1956 年から 1957 年）、1.15 SU（英国：1957 年）、0.667 SU（米国：1956 年から 1957 年）、2.3 SU（ソ連：1957 年後半）であった。臨月の胎児にも 5 歳以下の子どもたちと同様にストロンチウム 90 の含有量が確認されている。このことは、死産の子どもの平均値が 0.55 SU（42 例）とのイギリスの結果によって示されている。妊娠後期のストロンチウム 90 の濃縮は、母親の血液に直接関係しており、食糧の汚染が増えるにしたがって、この濃縮は増えるであろう [19]。

　このように、5 歳以下の子どもへの内部被曝と、母親の血液を通じて、胎児がストロンチウム 90 などで内部被曝していることが報告されている。プロジェクト・サンシャインによる調査でも、とりわけ子どものデータを得ようとしていたように、核実験当局者たちは、放射性降下物による内部被曝が成長過程の子どもたちや胎児に強く現れることを認識し、むしろそれを前提として調査していたのである。米原子力委員会は、放射性降下物の影響を知るための試料として ABCC を通じて医学情報・試料を入手しようとするが、その一方で ABCC による子どもへの調査については「委員会の関心の範疇を超えています」と、UNSCEAR で共有することさえ拒否していた。

　ここには、広島・長崎とその後の核実験による放射性降下物とを区別する、低線量被曝・残留放射線・内部被曝を否定するウォレン以来の見解がある。

UNSCEAR において、広島・長崎の子どもたちへの影響を指摘する論文が国際的にも共有されていれば、低線量被曝・内部被曝・残留放射線の影響について重視する議論が高まっていた可能性があるが、UNSCEAR が同報告書を出し、また ICRP が勧告を出した後、「ICRP のシーベルト議長の個人的な招集の形でスイスで会議が開催され、『ICRP』『国際放射線単位委員会』『国際放射線会議』『UNSCEAR』『IAEA』『ユネスコ』『世界保健機関（WHO）』『国際労働機関』『食糧農業機関（FAO)』『国際科学会議（ICSU)』『国際標準化機構（ISO)』が参加した。その後の 1959 年 5 月 8 日の IAEA と WHO の合意書に象徴されるように、被曝の影響を重視した調査を抑え込み、二重にも三重にも国際原子力ムラを強化する体制が敷かれていった[20]」と中川保雄は指摘している。

　本来 WHO は被害にあった側の実態を解明するような調査を担う国連機関であるべきだが、IAEA と歩調を合わせることとなったのである。核開発を推進する側の基準に、放射線被曝研究がさらに一元化されていったともいえよう。

　UNSCEAR は米原子力委員会の科学者によってビキニ水爆実験後設立されたが、そもそもプロジェクト・サンシャインのような軍事機密情報は当然ながら共有されなかったろうし、米国による原爆投下の具体的な人体への影響に関する情報も、前述のように共有されなかった。つまりは、科学的知見を国際的に共有しているかのように見せつつ、実際は相手側に、核政策推進上不利な情報を渡すまいとする、「国際的科学的知見」を演出する一つの「冷戦科学」装置となっていたと言える。

6　おわりに──日本政府の問題として

　それでは UNSCEAR 発足のきっかけとなったビキニ水爆被災をめぐって、日本政府はどのような行動を取ったのであろうか。日本政府は 1955 年 1 月 4 日、米国から対外工作本部の資金 200 万ドルを受領することによって、漁獲マグロなどの調査を打ち切り、ビキニ水爆被災問題を経済問題として「完全決着」させた。その一方で日米両政府は原子力発電の推進のために協力関係を築いていった。当時、駐米日本大使館科学担当書記官であった向坊隆は日米原子

力協定を進めた。また米国へのマグロの輸出を再開させるために、米原子力委員会に基準の緩和を求めた。しかし、米原子力委員会側は、輸入の基準はアメリカ食品医薬品局（Food and Drug Administration: FDA）の管轄だから緩和できないとした。日本政府としても放射性降下物の影響を軽視する立場を取ったのである。

　米国へのツナ缶用マグロの輸出に米日本大使館科学官として奔走した向坊隆が、1968年に国連への専門家として、広島・長崎の影響についての「専門的知識」を供与した。それがどのような「専門的知識」だったのかについては、被爆者であり、被爆者治療に携わってきた肥田舜太郎医師の証言がある。1975年に肥田が被爆者救済を訴えに国連を訪れた際、すでに1968年に日米共同の「広島・長崎の原爆の医学的影響について」という報告書が提出されていた。そこでは1968年の時点で「もう原爆の影響と思われる病人は一人もいない。死ぬべき者は全部死んだ。したがって広島・長崎の被爆者に関する医学問題は現代日本にはまったくありません」としているので、国連としては対処できないという回答だったとのことである[21]。実際、1968年に出された国連の『核兵器白書』（鹿島平和研究所訳、向坊隆監修）では、広島・長崎は空中高く爆発したがために放射性降下物は発生しない事例として言及されている。被爆者についての記述も不十分であった。

　このように　広島・長崎の被爆問題、米核実験の被ばく問題を本来訴える立場にある日本政府は、被ばく者救済よりも米国側の核兵器観に立って行動してきた。UNSCEARの報告書を使用して原発による放射線の影響を過小評価するのは、これまでの原発は推進しつつ、内部被ばく問題を切り捨ててきた日本政府の国策を踏襲したものと言える。UNSCEAR報告に基づく「影響がない」とする見解については、人間への影響を判断する際に、人権・医学・倫理的観点からは根源的な問題がある。

付記：本章は「特集　小児甲状腺がんとUNSCEARの源流──米ソ冷戦と米原子力委員会」『科学』（2018年9月号）Vol.88, No.9に加筆修正した。また、日本科学史学会第65回年会（2018年5月27日）におけるシンポジウム「放射線影響評価の国際機関UNSCEARの歴史と現在」での報告にも基づいている。同シンポジウムは、JSPS科研費JP16H03092「放射線影響研究と防護基準策定に関する科学史的

研究」（代表者：柿原泰）の助成を受け企画・実施された。記して感謝申し上げる。

　また UNSCEAR と米核政策との関連については、拙稿「第 1 章　アメリカの核開発と放射線人体影響研究」日本科学者会議編『国際原子力ムラ——その形成の歴史と実態』（合同出版、2014 年）（本書は拙稿も含む『日本の科学者』（2013 年 1 月号 vol. 48、通巻 540 号）の「特集国際原子力ムラ——その虚像と実像」が再編集され一般読者向けに出版されたものである）でもすでに論じており、本章も一部依拠している。

注

1 ）同シンポジウムのプレゼン資料は東京海洋大学学術機関リポジトリ（TUMSAT-OACIS）http://id.nii.ac.jp/1342/00001560/ に掲載されている。

2 ）Merril, E. (1990) *An Environmental Odyssey: People, Pollution, and Politics in the Life of a Practical Scientist*, University of Washington Press.

3 ）Herran, N. (2014) "'Chapter 3 Unscare' and Conceal: The United Nations Scientific Committee on the Effects of Atomic Radiation and the Origin of International Radiation Monitoring," in Turchetti, S & Roberts, P. (eds.), *The Surveillance Imperative: Geosciences during the Cold war and Beyond*, Palgrave Macmillan: New York. や、Higuchi, T. (2018) "Epistemic friction: radioactive fallout, health risk assessments, and the Eisenhower administration's nuclear-test ban policy, 1954-1958," *International Relations of the Asia-Pacific* Volume 18, 99-124.

4 ）Guide to Federal Record: Records of the Atomic Energy Commission ［AEC］
　　https://www.archives.gov/research/guide-fed-records/groups/326.html（accessed September 1, 2023）

5 ）"Atomic Bomb Casualty Commission to Continue Studies of Japanese Atomic Bomb Survivors", June 18, 1950, Record of the Office of Public Information Copies of Speeches of AEC Officials, 1947-1974, Entry 24, Record Group 326, National Archives at College Park, College Park, Maryland.

6 ）"Fallout Data Collection," DOE Open Net, Accession Number: NV0750699.
　　https://www.osti.gov/opennet/servlets/purl/16385048.pdf（accessed August 29, 2023）

7 ）File: Bone Sample Analysis by AEC-NYOO, Series 3: ABCC Program Components, 1947-1973. Series contains records of ABCC Study Programs. Includes correspondence, memoranda, project outlines, reports, and other materials. Approximately 8 linear feet. Atomic Bomb Casualty Commission, 1945-1982, National Academy of Science, Washington, D.C.

8) Eisenbud, *op. cit.*, 118-123; Document No. 1820: Frank Wisner to Lewis Strauss, 29 Apr. 1954 in the *Declassified Documents*, 1998 (Woodbridge, CT: A Research Publication, 1998)

9) "Letter to D. W. Bronk, Subject: Status and Future Program of the Atomic Bomb Casualty Commission were discussed at Advisory Committee for Biology and Medicine Meeting, Author: C. L. Dunham" Dec. 20, 1955, DOE Open Net, Accession Number: NV0712018.https://www.osti.gov/opennet/detail?osti-id=16109130 (accessed September 1, 2023)

10) Higuchi, T. (2018) "Epistemic friction: radioactive fallout, health risk assessments, and the Eisenhower administration's nuclear-test ban policy, 1954-1958," *International Relations of the Asia-Pacific* Volume 18, 110.

11) アメリカ合衆国　原子力委員会・国防省・ロスアラモス科学研究所（1951）『原子兵器の効果』科学新興社、396 頁。（U. S. Department of Defense, U. S. Atomic Energy Commission and Los Alamos Scientific Laboratory, The Effects of Atomic Weapons, USGPO, 1950. の翻訳）

12) "Transcript of Meeting of the ACBM held on Saturday, May 7, 1955" File: 51st ACBM MTG, May 7, 1955, Entry326-73B Box49, Record of Atomic Energy Commission, Record Group 326, National Archives at College Park, College Park, Maryland.

13) Letter from Robert Miller, ABCC to Merril Eisenbud, NYOO on August 3, 1955, File: Bone Sample Analysis by AEC-NYOO, File: Bone Sample Analysis by AEC-NYOO, Series 3: ABCC Program Components, 1947-1973. Series contains records of ABCC Study Programs. Includes correspondence, memoranda, project outlines, reports, and other materials. Approximately 8 linear feet. Atomic Bomb Casualty Commission, 1945-1982, National Academy of Science, Washington, D. C.

14) Letter from Merril Eisenbud, NYOO to Rebert Miller, ABCC, ibid.

15) Medical Radiography and Photography [Eastman Kodak Company Rochester, N. Y. vol. 24 no. 2 1948]

16) *New York Times*, September 13, 1945.

17)『世界週報』1955 年 3 月 11 日掲載。第五福竜丸平和協会編（2014）『新装版ビキニ水爆被災資料集』東京大学出版会、24-31 頁。

18)「ラッセル・アインシュタイン宣言（新和訳）」（日本パグウォッシュ会議ホームページ、https://www.pugwashjapan.jp/russell-einstein-manifesto-jpn、2023 年 10 月 19 日閲覧）

19) Report of the United Nations Scientific Committee on the Effects of Atomic Radiation, General Assembly Official Records: Thirteenth Session Supplement No. 17 (A/3838) New York, 1958, p. 12.

20）中川保雄（2011）『〈増補〉放射線被曝の歴史——アメリカ原爆開発から福島原発事故まで』明石書店、89-90 頁。

21）肥田舜太郎・大久保賢一（2013）『肥田舜太郎が語る——いま、どうしても伝えておきたいこと』日本評論社。

第8章

福島第一原発事故の後始末
—海洋放出に反発する太平洋諸島の人びとの声—

竹峰　誠一郎

1　はじめに

　「廃棄物を捨てようと決めたとき、私たちのことは考えなかったの。……われわれはただ黙っているとでも思っていたの」[1]。2022年11月、北太平洋・北マリアナ諸島（米国自治領）議会の最年少議員であった30代前半のシーラ・J・ババウタは、サイパン島の海を背に、福島第一原発事故の後始末のやり方に怒りをぶつけた。

　2021年4月、菅義偉首相が福島第一原発からの「海洋放出は、……2年程度の後に開始」すると発表した（廃炉・汚染水・処理水対策関係閣僚等会議、2021年4月13日）。同日、国際原子力機関（IAEA）は「重要な決定を歓迎」し、「海洋放出は技術的に可能で、国際慣行に沿ったもの」と評価する事務局長談話を発表した（Statement by IAEA Director General on Fukushima Water Disposal, 13 April 2021）。

　2021年11月、東京電力は海洋放出に伴う「人および環境への影響は極めて軽微」との『海洋放出に係る放射線影響評価報告書』（東京電力，2021）を原子力規制委員会に提出し、同委員会は22年7月海洋放出を認可した。「関係者の理解なしに、いかなる処分も行わない」（東京電力，2015）と福島県漁業協同組合連合会との間で東京電力は約束していたが、漁師の同意がないまま「一定の理解を得られた」（岸田首相）と、23年8月24日に海洋放出が開始された。

　日本政府や東京電力をはじめ推進派は、海洋放出するのは「多核種除去設備（ALPS）などを使って『汚染水』からトリチウム以外の放射性物質を規制基準以下まで取り除いたもの」で、「ALPS処理水」もしくは「処理水」と呼ぶ

133

（経済省，2023）。だが原子力工学者の今中哲二は、東京電力（2021）が提出した『海洋放出に係る放射線影響評価報告書』を読み解き、「ALPS 処理の後もトリチウム以外の核種も残る」、「ALPS 処理後汚染水」であると指摘する（今中，2022）。

　福島第一原発にたまり続ける「放射性廃水」[2] を海洋に放出することはやむを得ないのであろうか。タンクで長期保管する案、トリチウムの半減期は 12 年なので放射能の強さが自然に減衰するのを待つ案、米国のサバンナリバー核施設で行われているモルタル固化をして半地下で処分する案など、代替案は提言されてきた（CCNE, 2019, 2020, 2023; 今中，2023）。

　事故後 40 年で廃炉にするという廃炉計画を前提にして、海洋放出は 2、30 年かけて行うとされている。しかし海洋放出に突き進む前に「廃炉スケジュールの見直しなど根本的な議論からやり直すべき」との指摘がなされている（CCNE, 2023）。放出を容認する立場の原子力学会委員長の宮野廣も、「福島第一原発は今も炉心に燃料デブリが残った状態だ。それで 51 年に完了というのは、あり得ない話」（宮野，2023）と、2051 年までに廃炉を完了させる方針は非現実的であることを指摘する。

　そもそも燃料デブリを冷却するため大量の注水は続けられ、デブリに触れて汚染された水が外から入ってきた地下水と合流するため、海洋放出をしても新たに「放射性廃水」が生み出され続けている。つまり発生源抑制策が不十分であるため、2、30 年で海洋放出は終わる保証は何もないのだ。「地下水の流入を防ぐ頑丈な遮水壁」を原子炉の周りに設置するなど、「汚染水の発生を止める」ことにまず注力すべきとの指摘もなされている（CCNE, 2020; 今中，2023）。

　経済産業省のもと設置された「多核種除去設備等処理水の取扱いに関する小委員会」（ALPS 小委員会）が 2018 年 8 月に実施した公聴会でも、陳述者 44 名のうち、海洋放出に反対あるいは慎重な意見が 42 名にもおよんだ（経産省，2018; CCNE, 2020）。2019 年 8 月、政府の ALPS 小委員会のなかでも、「処理水のタンクが満杯だ」と、「頭からスペースないよ」と説明する東京電力の姿勢に専門委員から批判が出され、敷地の北側でのタンク増設、敷地を拡幅する、隣の中間貯蔵施設の活用などの案が出された（経産省，2019）。

しかし、代替案を具体的に検討したり、「廃炉」計画を見直したりすることはなされなかった。「廃炉を着実に進め、福島の復興を実現するためには、これは決して先送りができない課題」（2022 年 10 月 19 日参院予算委、岸田首相）と、海洋放出は「廃炉」や「復興」を旗印に推し進められている。

　経済産業省は 2022 年 12 月から、「処分する前に海水で大幅に薄めます」、「安全基準を十分に満たしています」、「環境や人体への影響は考えられません」、「国際的に受け入れられています」など、テレビ、Web、新聞などで広報活動を強めてきた（経産省，2023）。その成果もあってなのか、日本の報道から「汚染水」という言葉はほぼ消えている。

　流す側から見れば、海に流すことでタンクにたまる使い道がない水が減っていくので、「廃炉と復興に向けて進む」となるのだろう。しかし流される側の視点から見ればどうなのだろうか。

　海底トンネルを通して沖合およそ 1 キロから放射性廃水は海に流されているが、海はどのような場所なのだろうか。「けがれをはらい、恵みをもたらしてくれる海を、漁師は清らかで大きな命と捉えている」（川島，2023）と、福島

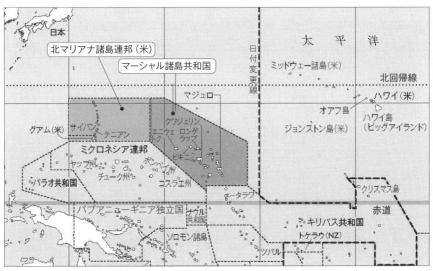

図．日本の近隣に位置する太平洋諸島

出典：竹峰誠一郎「オセアニアから見つめる「冷戦」──「核の海」太平洋に抗う人たち」『岩波講座 世界歴史 第 22 巻』岩波書店、2023 年、p.267。

で漁師とともに海に出ている民俗学者の川島秀一（2021）は海を説明する。海は地球の表面積の7割を占める。「海を熟考しなければならない。だが、海が真剣に顧みられることはほとんどない」（アタリ，2018: p.15）と思想家ジャック・アタリは指摘する。福島第一原発事故の後始末として放射性廃水が放出される太平洋の海に暮らす人びとに、本章は焦点をあてる。

　ALPS処理をした福島第一原発にたまる放射性廃水を薄めて海に流すという行為は、太平洋の海に暮らす人びとの目にどう映り、どのような問題だと捉えられているのであろうか。かれらの反発や不安の背景には、どのようなことがあるのだろうか。北マリアナ諸島、グアム、マーシャル諸島の現地調査をふまえ[3]、福島第一原発からの海洋放出問題をこの章は掘り下げていく。

2　「日本は核の加害国になったのか」──北マリアナ諸島議会決議

　2022年11月、筆者は北マリアナ諸島のサイパン島に向かった。北マリアナ諸島は常夏の観光地として知られる。米国の領土であり、住民は市民権をもつ（中山，2012）。しかし、北マリアナ諸島の住民はグアム住民と同じく、米連邦議会上院議員は選出できない。2009年から米連邦議会下院には北マリアナ諸島から代表1名が送れることになったが、この代表は米連邦議会の議決権を持たない。米大統領が国家元首とされ、米国が外交、防衛権を持つ一方、民選で選出された北マリアナ諸島連邦政府が米国内法と抵触しない範囲での内政自治権を有している。

　筆者が訪問した時は米中間選挙の真っ最中で、北マリアナ諸島の知事、上下両院議員、市長、市議の選挙が一斉に行われていた。共和党、民主党の二大政党に無所属をくわえた三つ巴の争いが繰り広げられていた。

　北マリアナ諸島議会の下院に、2021年9月23日「核廃棄物を太平洋に投棄する日本政府の決定を非難」し、「日本の決断に強い失望を表明」する上下両院合同決議案（NMCL, HJR 22-11）が上程された。提案したのはこの章の冒頭で紹介したシーラ議員である。「100万トンを超える核廃棄物を太平洋に投棄するという決定は受け入れられないと、立法府から公式声明を出したかった」と同議員は語る。訪問にあわせてシーラの事務所に連絡を取ったところ、選挙

戦の最中にもかかわらず会合を持つこととなった。

　決議案は 2021 年 10 月 29 日に下院で採択され、12 月 15 日には上院でも採択され、いずれも全会一致であった。「これほど簡単に通った決議はない」とシーラは振り返る。「私たちの海を守りたいという思いは、誰もが認めるところ」で、「日本の決定はあまりにも非道だ。100 万トン以上も海に捨てるのか。10 年以上も続き、とんでもない」と党派を超えて一致した背景を説明する。「海流は日本からまっすぐやってくる。日本との距離はとても近い」とも、シーラは続けた。

　シーラ議員だけでなく、彼女の秘書を務める 20 代のゼノ・デレオンゲレロや、シーラの支援者である脱軍事化に取り組む住民団体「Our Common Wealth 670」のメンバーとも交流の機会を持った。多様な背景をもつ方がそこには集まってきた。赤ん坊のころ太平洋戦争の戦場となったサイパン島で逃げた経験を持つ方、日本人の父を持つ方、「非核憲法」を持つパラオ出身者、さらに米核実験場とされたマーシャル諸島の元外務大臣トニー・デブルムの甥も来てくれた。「否定し、嘘をつき、機密にする。マーシャル諸島でなされたことが、福島でも繰り返されている」（竹峰，2015: p.388）と、トニーが生前筆者に語ってくれたことが思い出された。

　「日本の決定を非難」する議会決議は、「北マリアナ諸島連邦の多くの人々にとって、広くはオセアニアの人々、さらには日本の人々にとっても、太平洋は、かけがえのない資源であり、ふるさとである」と、太平洋の重要性を説く言葉で始まる。シーラの支援者であるオスカー・サバランも、太平洋の「海は私たちの生命線である」と語る。

　議会決議は海の重要性を語ったうえで「オセアニアの人々は、太平洋での外国勢力の核開発で不当な影響を歴史的に受けてきた」と、太平洋に核開発の負荷が重くのしかかってきた歴史を辿る。太平洋は核開発の「中枢」と直接的に結びつけられてきた。米英仏の核爆発の実験（以下、核実験）が繰り返され、核搭載可能なミサイルの実験が行われ、核廃棄物が押し付けられてきた（アレキサンダー，1992）。「外国勢力は、とりわけ人々の健康や環境に関連する核開発の危険性やリスクを、透明性をもって十分に開示してきた実績が乏しい」と決議は指摘する。

太平洋と核をめぐる歴史を辿るなかで同決議は、「1979 年、日本政府が、北マリアナ諸島の北方で、約 1 万本のドラム缶に入った低レベル放射性廃棄物を投棄する計画を北マリアナ諸島、グアム、その他の太平洋諸島国の政府関係者に何ら相談することなく提案した」ことを想起する。北マリアナ諸島北端から約 800 キロ離れた、小笠原諸島北東の水深 6200 メートルの公海域が候補地とされた。核廃棄物をセメントで固めドラム缶に密閉して、深海の底に投棄する計画で、当時も「環境への影響は極めて小さい」と日本の原子力委員会は発表していた（原子力安全委員会，1979; 横山，1981）。それに対し「日本人は核の被害者から核の加害者になるのか」「他人の家の庭に自分の家のゴミを捨てるのか」と太平洋諸島から抗議の声があがったことも、この決議には書き込まれている。

　シーラはこれまでも環境問題や軍事問題に熱心に取り組んできたが、福島第一原発事故を最初から注視していたわけではなかった。「北マリアナには原発はないので、原発と言われてもあまりよくわからない人は多い」と、シーラは語る。しかし、叔母からの情報提供がきっかけだった。叔母は 70 年代から 80 年代に「非核独立太平洋運動」（「反核独立太平洋運動」とも呼ばれる）に関わっていて、その運動を通じて出会ったニュージーランドの人から教えてもらい、シーラに伝えた。シーラは怒りとともに、自分にできることとして環境問題に取り組んできたネットワークを活かして情報を集め、非核独立太平洋運動のことも学んだ。そして、20 代の秘書が決議案を起草し、決議の採択に動いたと、シーラは説明した。

　太平洋諸島の反核運動にとって、1975 年にフィジーで初めての非核太平洋会議が開かれたことは画期的であった（竹峰，2023a: pp.271-273）。太平洋諸島発の反核運動は、欧米や日本では見落とされがちな、核開発と植民地の密接な関わりを浮き彫りにした。この反核運動は独立運動と対になり「非核独立太平洋運動」として展開した。「私たちは存在しないようなもので、不可視化され、列強国はやりたい放題なんだ。そして日本も」と、植民地支配の歴史を想起しながら、シーラの支援者であるエリザベス・ディアズ・レチェベイは語る。

　福島からの海洋放出は、核に関連して自分たちの領内で処分に困ったものを一方的に海に流すものであり、核廃棄物の海洋投棄計画の再来とも見られてい

るのである。日本人の母とチャモロの父の間に生まれたエリザベス・ディアズ・レチェベイは、「日本人は広島や長崎、福島で本当に苦しんできた」にもかかわらず、「どうして他の人たちにはできると考えているんだろう」と疑問を投げかける。

　議会に決議案が上程されると、日本政府の在外事務所である在サイパン領事事務所から「核廃棄物の投棄ではない」「他の国もやっている」「米国は支持している」などの説得があったという。現地の観光関係者からも「日本人観光客が来なくなるのでは」との懸念の声が多少あった。

　当初は、決議の名称のなかで日本政府を直接名指しをして抗議する表現を用いていたが、最終的にそれは避けることにした。新たな決議名は「太平洋地域での核実験、貯蔵、および廃棄物処分に関連するいかなる政府の行動にも反対し、誰もが安全で健康的な生活環境に対する基本的権利を有することを再確認する」とした。日本領事館が「他の国もやっている」と言うので「いかなる政府の行動にも反対する」としたと、シーラの秘書で議会決議を起草したゼノは説明する。ただ日本による原発の低レベル核廃物の海洋投棄計画と当時の反対運動に言及し、「核廃棄物を太平洋に投棄する日本政府の決定を非難」し、「日本の決定に大きな失望を表明」するなど、決議文の内容は一切変えなかった。

　交流会も終わりに差し掛かってきたころ「北マリアナ諸島憲法にも非核条項がある」と、起草者のゼノが教えてくれた。同憲法第1条は人権を規定し、その第9項で「清らかで良好な環境」に暮らす権利を定める。環境権規定であるが、同項のなかで「北マリアナ諸島の地上または海中の土地および水域内での核物質または放射性物質の貯蔵、およびあらゆる種類の核廃棄物の投棄または貯蔵は、法律で定められている場合を除き、禁止される」とある。日本による核廃棄物の海洋投棄に反対する運動のなかで、1985年、北マリアナ諸島憲法の環境権規定に核廃棄物投棄の禁止が加えられたのである（宮内，1985）。

3　「震災の瓦礫も流れついた」──北マリアナ諸島・自治体連合

　北マリアナ諸島からは、連邦議会の反対決議に続いて2022年8月、「太平洋への核廃棄物投棄にNO！」と訴える署名運動が始まった。担い手はテニアン

島やロタ島の自治体議員だ。「いかなる国も太平洋の一部をゴミ捨て場として使用することをわれわれは許さない」「いかなる国も、他国に脅威を押し付けることを決定する権利はない」と訴える。自治体議員らで組織する太平洋自治体連合（PAMC）を訪ねることにした。

サイパン島から 6 人乗りのセスナ機で約 15 分、真っ青な海に浮かぶテニアン島に到着した。テニアン島は広島、長崎に投下された原爆を搭載した爆撃機 B 29 が飛び立った場所としても知られる。空港に到着すると PAMC 副委員長、ワニータ・メンディオラが出迎えてくれた。福島原発からの海洋放出を許したら、「結末がなく、投棄は続いてしまう。日本が許されるということになれば、他の国も始めるかもしれない」との危機感をワニータは持つ。「自分たちの環境を守り続け、後に続く子どもたちが大きな影響を受けないようにする必要がある」「あきらめてはいけない」と自らにうながすようにワニータは語る。

到着したテニアン空港からピックアップトラックの荷台に乗って、伊豆大島とほぼ同じ広さのテニアン島を 1 周した。ワニータとともにテニアン女性協会のデボラ・フレーミングらは、「陸上で起こっていることは、陸上で対処し、封じ込めるように」と海に流すことを批判する。眼下に魚が泳いでいる様子が見える海を前に、海とともに生きたチャモロ先住民族の暮らしを語ってくれた。

「海はわたしたちの生活や生き方にとって、ほんとうにとても重要なものなのです。海がどのように島の人々とつながっているのか、それを認識することは非常に重要です」とワニータは語る。「わたしたちの食糧の源は、大部分は海にあります。サンゴ礁から外洋へ、さらに遠くまで漁に出かけます。海は経済的な基盤でもあります。そして文化的にも、海には癒しの作用があると、信じています。海はストレスを緩和してもくれます。海の水には傷の治癒メカニズムがあり、海は抗生物質のようなものでもあるのです」とワニータは説明する。さらに「海は道で、互いをつなぐものである」とデボラは語る。東日本大震災の後、「私たちの島の海岸線にも日本から瓦礫が流れてきた」と、デボラもワニータも、福島第一原発からの海洋放出に脅威を感じる理由を強調した。

放射能の影響をめぐって今回も IAEA などが「安全」宣言を出し、日本政府も「科学的な安全は担保された」と推進する。しかし「科学者がやってき

て、『これは私たちが研究したことです』と言うのがわたしは本当に嫌。それはあなたが研究した、あるいは今研究していることではあります。しかし、後でどうなるのか、将来がどうしてわかるのか。これから起こることを正当化するための説得なんてやめてくれ」とワニータは語る。「福島の事故は誰も予想していなかったが、起きてしまった。チェルノブイリの事故も誰も予想していなかったのに起こってしまった。そういうことを私たちは強く意識する必要がある」ともワニータは続けた。

　福島原発からの海洋放出が持つ問題性をどう訴えていくのか。テニアン島にも沖縄の米軍基地再編、さらに北朝鮮や中国をにらみ、米軍の合同演習計画や基地拡張計画がある。こうしたなかで「海を守れ、土地を守れ」と声をあげ、一定程度阻止をしてきた経験がワニータにはある。こうした活動の経験とつながりをいかして、日本を含む世界にどのように広げるのか。チャモロ先住民族の人権問題として、国連人権理事会に訴えていくこともワニータは構想する。

　「海に対する信仰や文化は深く根付き、それは生きて息づいており、だから、先祖への愛着も変わらない。未来の世代も、海に対する信仰の感情が受け継がれているからこそ、自らの祖先とつながりを常に感じることができる。しかし外部からの影響や流入によって、海に対する信仰や文化が引き裂かれると、われわれは崩壊し始める。だからこそ、海に対する信仰や文化の源にある先住民族の権利こそ、わたしたちが使うべき手段であり、重要な役割を担っているのです」。「チャモロ人であり続けることの本質は、生きている精霊や戻ってくる精霊との結びつきを深化させるということなんだ。とても興味深い。生まれていない人たちでさえ、私たちはつながっているからね。過去だけでなく、未来とも私たちはつながっているんだ」。ただ「住んだことがない他人がそれらの先住民の文化を理解するのはとても難しい」とも、ワニータは付け加える。

　ワニータの父であるフィリップ・メンディオラは、1979 年、日本政府が低レベル核廃棄物をマリアナ海溝の近くに投棄する計画を発表したとき、テニアン市長を務めていた。1980 年 10 月には白紙撤回を求め来日し、南洋群島の日本統治と戦禍を潜り抜けてきた自らの人生を重ね、日本語で次のように訴えた。「自分のゴミを人の近くに持ってきて、原子力のいいところだけを使って、いよいよそれが危くなったり、悪くなってから南洋群島へ投げてやるということ

だけは、もう話の筋になってません。やっと戦争が終わり、これで爆弾もなけりゃ、召集もないとみんな安心し、質素な暮しながらも自分の家をつくりなおして生活しているところに、……原子力のゴミというか、……危険なものを私たちの近くに持ってきて投げる、……日本政府は私たちをどこまでも踏みつぶそうというか」（メンディオラ，1980）と、フィリップは怒りをぶつけた。

さらに「私たちの島は本当に小さいところで、その上に人間が乗っかっているというくらい。これから私たちはどこで子どもたちを育てていくか、どこで自分たちの経済を成り立たせていくかと考えたとき、島ではできません、小さいもんですから。だから海をたのみにしている私たちです。たのみにしている自分たちの海に、日本からまたいたずらされると、生きていく道も見えなくなってしまいます」とも訴えた。フィリップはすでに亡くなっているが、父フィリップに背中を押され、ワニータは抗議の声を発信する。

2022 年 11 月の現地調査からおよそ 1 か月後の 12 月 6 日に太平洋自治体連合は反対決議（PAMC Resolution 005-2022）を採択した。さらに同じ日に隣接するマリアナ諸島南部のグアム島でも市長会が、北マリアナ諸島と連帯し「断固として反対し、非難する意思を表明する」決議（MCOG, Relolution No. 2022-17-01）を採択した。

2023 年 8 月 31 日、グアムに立ち寄った時、マーシャル諸島の米核実験場とされたエニウェトク環礁の除染作業に動員された退役軍人で、太平洋被曝者協会（PARS）会長を務めるロバート・セレスティアルと会った。「海流の流れはどう考えられているのか」とロバートはこちらが質問する前に、福島第一原発からの海洋放出について語り始めた。「グアム各地に観測所を設置するべきだ。今すぐには何も起こらないであろう。しかし何かが起こった時に証明するものがないと、なかったことにされてしまう」と、自らの経験も踏まえてロバートは語った。

そしてグアム議会にも海洋放出反対決議が上程されており、9 月 5 日に公聴会が開かれることを、ロバートは教えてくれた。同公聴会で日本政府代表として証言に立った尾形修首席領事は、「日本は広島と長崎の両都市に 2 発の核兵器を投下された世界唯一の国です。ですから私を含め、日本国民はみな核問題に敏感なのです」（Cagurangan, 2023）と述べたうえで、説明を始めた。広島、

長崎の原爆投下の経験が、福島第一原発からの海洋放出を正当化する材料として使われているのだ。

4 「新たなゴジラの誕生」——マーシャル諸島から相次ぐ「懸念」

米核実験場とされた中部太平洋のマーシャル諸島共和国政府からも、2021年5月「太平洋地域の近隣諸国および世界中の友人たちとともに」、海洋放出に「懸念」を表明する声明（RMI, 2021）が発表された。「海は暮らしの源である」と述べ、日本政府に代替策の検討、海洋環境保全のための国際的義務の履行、独立した調査、対話の実施などを求めた。

マーシャル諸島では1946年から58年まで、67回にわたる米核実験がビキニとエニウェトク両環礁で実施された。病とともに土地との結びつきが失われ、生活、文化、心など多方面に広がる被害に住民は直面してきた（竹峰，2015: pp.65-112）。核実験場とされたエニウェトク環礁にある汚染物質が格納されている「ルニットドーム」の老朽化など、時代を経て新たに対処が迫られる核問題にも直面している。核被害を受けた地域や人々の「正義」の実現を目指し、「ニュークリア・ジャスティス」が現地では提唱されている（竹峰，2023b）。

2023年8月、コロナ禍を経て4年ぶりにマーシャル諸島を訪れた。マーシャル諸島国会では、核実験被害補償問題をはじめ、米国との第3次自由連合協定の締結に向けた議論が熱を帯びていた。そのマーシャル諸島国会では、2023年3月「日本が福島原発から太平洋へ放射能汚染水を投棄する決定をしたことに対して重大な懸念を表明」する決議（Nitijela, 2023, Resolution 84）が採択されていた。太平洋で核実験が繰り返され「人が住めなくなり、取り戻すことができない長期にわたる被害を地域社会にもたらしている」ことに言及したうえで、「太平洋を核廃棄物のゴミ捨て場にこれ以上するべきではない」と訴える。

この決議を主導したのは、太平諸島初の女性首脳で、気候危機問題に力を入れたことでも知られるヒルダ・ハイネ前大統領であった。決議を提案すると、「日本大使館から電話がかかってきた」と語る。しかし「核実験や気候変動と同じく、外部勢力から持ち込まれたもの」で、原発に頼っていない太平洋

の島々が、原発事故の後始末の負荷をなぜ負う必要があるのか、ヒルダは動じることはなかった。核実験の経験を踏まえ「核はいらない」「これ以上、放射能はやめて」との思いを込めた決議であるとヒルダは説明する。

　決議から4ヶ月を経て、放出開始の前月2023年7月、経産省の東京電力福島第一原子力発電所事故廃炉・汚染水・処理水対策官を務める羽田由美子がマーシャル諸島を訪問した。4日間滞在し、駐マーシャル諸島日本大使らとともに、国会議員や市長ら関係各位と懇談した。だが、その翌月には海洋放出は始まり「何のために来たのか」との声も聞かれた。「『国会決議を取り下げてほしい』と言われた」と語る国会議員もいた。

　ヒルダも経産省の役人と「会ったが、決定を下してから最後に来るのでは遅い」と憤る。情報は提供されず、頭ごなしに一方的に決められたことに対する反発もヒルダにはあった。大統領時代の経験も踏まえ、「インド・太平洋の安全保障構想の時も同じだ。最後になって太平洋の島々に協力要請がある。大国にとっての『安全保障』の問題であって、われわれにとっての『安全保障』問題ではない」とも語る。

　排出開始を目前に控えた2023年8月18日付のマーシャル諸島現地紙（週刊）に田中一成大使が寄稿した。「広島と長崎に原爆を投下された唯一の戦争被爆国である日本は、核問題に関してマーシャル諸島の人びとと同じ思いを持っている」（Tanaka, 2023）と前置きして大使は話を進めた。マーシャル諸島でも先述のグアムと同じく、広島、長崎の原爆投下の経験が、海洋放出を正当化する材料に使われていた。

　駐マーシャル諸島日本大使館の発表によれば、経産省の役人は「技術的な説明を行い、科学的な見地からなぜそれが安全であるか理由を説明」（在マーシャル日本国大使館 Facebook, 2023.7.21）したと言う。しかし「安全」で「処理」できるならば、「なんで太平洋に流すのか、自分のところでなぜ処理しないのか」との根本的な疑問が、マーシャル諸島の人々にはある。「日本には湖はないのか、川はないのか」と現職閣僚でもあるヒロシ・ヤマムラは尋ねてきた。

　経産省の役人が説明をした時、市長会では「われわれの島にすでにある『毒』にさらに『毒』をくわえるようなことは認められない」（Hosia, 2023）と

の反発が寄せられた。マーシャル諸島の人たちは、マーシャル語にはなかった放射性物質（放射能）が核実験を通じて入ってくるなかで、それらを「ポイズン」（毒）と呼ぶようになった。マーシャル語にも、「魚毒」をはじめ「毒」に相当する言葉はあり、「カデック」と呼ぶ。しかし、放射能を語る場合「カデック」とは言わず、特別に「ポイズン」という言葉があてられる。核実験という「あの爆弾」によって特別な猛毒がまかれ放置され、島々や人々に異変を引き起こしてきた、その上さらに、新たな「毒」を日本が太平洋に向かって流すことは許されないというのが、かれらの反発なのである。

　くわえて「『安全』というけれども、ロンゲラップの人たちは『安全』『大丈夫』と言われ続けてきた。でも嘘だったのよ」と、核実験被害地域の一つであるロンゲラップ環礁の自治体で働くグレイス・アボンは語る。「数字を並べて、専門用語を使っての説明は、米エネルギー省とそっくり」ともグレイスは続ける。核実験のその後、米原子力委員会（現在のエネルギー省）の追跡調査を受け、「安全」や「大丈夫」だと繰り返し言われてきた（竹峰，2015: pp.271-368）。今回はアメリカ政府ではない。しかし「安全だ」と科学的な数値で説明されると、説得の材料にならないばかりか、核実験とその後の経験が思い起こされ、さらなる不信を住民に招く。「新たなゴジラの誕生だ。ブラボー実験の時は日本に上陸したが、今度は太平洋の島に上陸してくる」と、国会議員のデニス・モモタロウは海洋放出の脅威を表現する。

　海洋放出に対する懸念の声は、オセアニアの15ヶ国・2地域が加盟する、太平洋諸島フォーラム（PIF）からも表明されている。菅義偉前首相が2021年4月13日、海洋放出計画を発表すると同日、PIFは「重大な懸念」を表明するデイム・メグ・テイラー事務局長談話（Statement by Dame Meg Taylor, 13 April, 2021）を発表した。日本に対し加盟国・地域とのさらなる協議や放出実施については PIF 側の承認を得ること、独立した専門家による検証などを求め、それらが実施されるまでは排出しないよう緊急要請を行ったのである。その後も PIF は科学専門家委員会を独自に組織し、計画の懸念を表明している（PIF, 2023）。

　PIF の前身である南太平洋フォーラムの総会で 1985 年にラロトンガ条約（南太平洋非核地帯条約）が採択された。核兵器だけでなく、「放射性廃棄物や

その他の放射性物質による環境汚染のない地域を維持することを目的」にラロトンガ条約が制定された。この非核条約を踏まえた PIF の迅速な動きであった。

　放出開始直後の 2023 年 8 月 24 日、太平洋諸島の首脳経験者らは連名で「太平洋は核廃棄物のゴミ捨て場ではない！」と題した抗議声明（PEV, 2023）を発表した。先に紹介したマーシャル諸島共和国前大統領のヒルダ・ハイネや PIF 前事務局長デイム・メグ・テイラーとともに、パラオ前大統領、キリバス前大統領、ツバル前首相、フィジー元外相、グアム選出米連邦下院元議員らが名を連ねた。

　「福島原発事故を収束させようと経費を削減した処分法が取られ、核汚染廃水が陸から日本領海に放出された」ことは、「恥知らずの大胆な環境破壊行為」であると強い言葉で抗議した。決議は「太平洋諸島の人びとが将来世代を含め、核エネルギーに依存する日本による重荷を負わされる」とも批判した。海洋放出は、太平洋で「核実験が 315 回以上行われてきたが、『核被害への正義』は完全には果たされず、その耐え難い核の負の遺産をさらに悪化させるもの」と指摘する。さらに海洋放出は、「太平洋地域が歴史的にあらゆる形態の核汚染に反対し、非核の太平洋を目指す強い態度をとってきたことを踏みにじる行為である」と決議は指摘する。核汚染に反対して太平洋諸島がつくってきた先述のラロトンガ条約とともに、ヌメア条約（南太平洋の自然資源及び環境の保護に関する条約）とワイガニ条約（有害廃棄物運搬に関する条約）などが無視されたことに対しても憤っているのである。

　「この環境的に無責任な計画を容認するよう指導者たちを懐柔し、誘導する日本の海外開発援助（ODA）」を使い、「岸田文雄首相と日本政府が、非核の太平洋という地域の立場を政治的に分断しようとしている」と決議は警鐘をならす。そのうえで「PIF が海洋放出反対を堅持し、自らが任命した独立した科学専門家委員会の見解に拠ること」を求めた。

　決議は最後に「わたしたちは、この計画に反対している、日本、韓国、中国など、沿岸の漁業関係者や市民社会、そして多くの太平洋の国々と連帯して行動」し、「日本を相手取って、国際海洋法裁判所に提訴する国際的な行動を支持する」と表明する。この決議に名を連ねるヒルダは、海洋放出は「日本の信

用を傷つけ」、良好であった「日本に対するイメージを変える分岐点になるかもしれない」と語る。

5　おわりに

　外務省の武井俊輔副大臣は、放出直後に「島しょ国は、かつてビキニ環礁での核実験など歴史的にもつらい思いをしてきた。最終的に、こうした島々の皆さんから理解を頂きつつあるというのは、放出の判断において大きな要素になった」（安藤・及川，2023）と、ミクロネシア連邦大統領などを念頭にNHKの取材に答えた。

　だが、太平洋諸島を訪ねて現地の人びとの声に耳を傾けると、福島第一原発事故の後始末の方法をめぐって太平洋諸島から反発が起こっていることが浮かび上がってきた。日本政府が福島第一原発にたまり続ける放射性廃水を太平洋に流すことを一方的に決定したからだ。汚染水をそのまま流すのではなく、ALPS処理をしたものであり、しかも大量の水で薄めたもので、「安全」であることは科学的に証明されていると、海洋放出は正当化されている。しかし太平洋諸島から相次ぐ反対の声は、海洋放出が「安全」であると誰が決めるのか、流される海とともに暮らす太平洋諸島の人びとの存在が無視されたまま、計画が進み実行されたことに対する異議申し立てなのである。

　放射性廃水を日本の陸地で処理せず、海に流すというのは、流す先に暮らす太平洋諸島の民の存在とともに、かれらが生存基盤（サブシステンス）とする太平洋の海が、傷つけられ、その価値が否定される行為なのである。

　事故を起こした福島第一原発からの海洋放出は、反発する太平洋諸島の人たちの理解力にその責任を転嫁してはならない。放出が開始された今でも、流す側の日本政府や東京電力、あるいは容認しているメディアを含めた日本社会こそ、太平洋諸島側の反発の論理を理解し、応答する責任がある。「科学的」「技術的」に説明しても、はたまた広島、長崎の原爆投下の経験を持ち出しても、現地で発せられる反発や不安に対する応答には全くなっていない。

　海洋放出は、被曝線量をめぐる科学的な数値をめぐる論議だけでは、その問題性は十分捉えられない。自分のところで処理できないものをなぜ海に捨てる

のか、その行為自体が、太平洋諸島の人たちから疑問視され、問題視されているのである。自分たちで処理できないものを海に流し遠ざけようとする行為は、公害輸出そのものである。

　福島第一原発にたまる放射性廃水を太平洋に放出する行為は、太平洋が植民地支配のもと外部勢力が持ち込んだ「核開発による不当な影響を歴史的に受けてきた」（北マリアナ諸島議会決議）延長線上に、捉えられている。北マリアナ諸島では核廃棄物を太平洋に投棄しようとした日本の計画とその反対運動、マーシャル諸島では米核実験の被害とその被害が否定されてきたことと、それぞれ結び付け捉えられている。海洋放出は、「植民地主義」の問題をはらみ、一方的に負荷を押し付けられる新たな「太平洋の核問題」として捉えられているのである。

　太平洋諸島からの反対や懸念を真正面から受け止めず、「科学的ではない」「風評被害だ」「中国の影響だ」として捉えるならば、「唯一の被爆国」を標榜する日本がいかに「核と太平洋」の問題に無知であるのかを晒すものとなる。太平洋の民がいかに核開発に翻弄され、かつ抵抗してきたのか、「核と太平洋」をめぐる歴史への理解なくして、太平洋諸島からの反発や不安は理解できない。日本の核の加害性が太平洋から提起されている現実も重く受け止める必要がある。

　海洋放出をはじめとした福島第一原発事故の後始末は、日本の近隣地域である太平洋諸島と直接つながる問題であることを理解する必要がある。日本も太平洋に面した国であり、太平洋諸島とは歴史的にもつながりが深い。本章でとりあげたサイパン、テニアン、マーシャル諸島は、いずれも日本が南洋群島として30年間にわたって植民地にしていた場所であることも、忘れてはなるまい。

注
1）注記がないものは、筆者によるインタビューや参与観察に基づくものである。北マリアナ諸島のサイパンとテニアンで2022年11月2～5日、グアムで2023年8月31日、マーシャル諸島のマジュロで2023年8月14～23日、29～30日に実施した現地調査を基に本稿は執筆した。
2）引用を除き、福島第一原発から太平洋に放出されるものは、今中哲二（2023）になら

い本稿は「放射性廃水」と呼ぶ。ALPS 処理をしても残存する放射性核種があること
は、東電や日本政府も認めるところであり「放射性」とする。放出する水は廃棄するた
めに海洋放出をするのであり「廃水」と呼ぶ。東電も日本政府も原発事故で「汚染水」
対策が生じていることは認めており、原発事故で発生した「汚染水処理」と呼ぶ。他
方、ALPS 処理をした水を「汚染水」と呼び続けるか否かは見解が分かれている。本稿
は「汚染水」か否かを議論する論稿ではないため、放射性核種が残存する事実を踏まえ
「放射性廃水」と呼ぶ。

3）北マリアナ諸島、グアム、マーシャル諸島以外の太平洋諸島からも懸念や反対の声は聞
かれる。例えば放出後、フィジーで中止を訴える市民デモが発生したり、メラネシアの
地域協力枠組みである「メラネシア・スピアヘッド・グループ」（MSG）の首脳は抗議
声明を発表したりした。しかし本稿は反対や懸念を紹介するだけでなく、その背景にあ
るものも掘り下げていくため、現地調査を行った地域にしぼり展開していく。

文献、報道、動画

アタリ、ジャック（林昌宏訳）（2018）『海の歴史』プレジデント社。

アレキサンダー、ロニー（1992）『大きな夢と小さな島々──太平洋島嶼国の非核化にみる
新しい安全保障観』国際書院。

安藤和馬・及川佑子（2023）「外交戦と偽情報──処理水めぐる攻防を追う」『NHK 政治マガ
ジン』
https://www.nhk.or.jp/politics/articles/feature/101764.html（最終閲覧日：2023 年 9 月 24
日）。

今中哲二（2022）講演記録「ALPS 処理水とは、ALPS 処理後汚染水だった！」いわき放射
能市民測定室たらちね、4 月 17 日。
https://youtu.be/1ZOl8cyXWL8　（最終閲覧日：2023 年 9 月 24 日）。

今中哲二（2023）「福島の原発処理水放出──すぐ中止取るべき策ある」『東京新聞』9 月 7
日夕刊。

川島秀一（2021）『春を待つ海──福島の震災前後の漁業民俗』冨山房インターナショナル。

川島秀一（2023）「東日本大震災 12 年：海は清らかであれ──民俗学者、福島で漁師見習い
処理水「大きな命」に傷」『毎日新聞』3 月 10 日。

経産省 ALPS 小委員会（2018）「多核種除去設備等処理水の取扱いに係る説明・公聴会」『経
済産業省』
https://www.meti.go.jp/earthquake/nuclear/osensuitaisaku/committtee/takakusyu/
setsumei-kochokai.html（最終閲覧日：2023 年 9 月 24 日）。

経産省 ALPS 小委員会（2019）「第 13 回多核種除去設備等処理水の取扱いに関する少委員会
議事録　2019 年 8 月 9 日」『経済産業省』

https://www.meti.go.jp/earthquake/nuclear/osensuitaisaku/committtee/takakusyu/
pdf/013_06_03.pdf（最終閲覧日：2023 年 9 月 24 日）。

経産省資源エネルギー庁（2023）「ALPS 処理水の処分」『経済産業省』
https://www.meti.go.jp/earthquake/nuclear/hairo_osensui/alps.html（最終閲覧日：2023
年 9 月 24 日）。

原子力安全委員会（1979）『低レベル放射性廃棄物の試験的海洋処分に関する環境安全評価
について』11 月 12 日。

CCNE: 原子力市民委員会（2019）「原子力規制部会『ALPS 処理水取扱いへの見解』を発表」
『原子力市民委員会』
http://www.ccnejapan.com/?p=10445（最終閲覧日：2023 年 9 月 24 日）。

CCNE（2020）「声明：政府は福島第一原発 ALPS 処理汚染水を海洋放出してはならない」
『原子力市民委員会』
http://www.ccnejapan.com/?p=11607（最終閲覧日：2023 年 9 月 24 日）。

CCNE（2023）「見解：IAEA 包括報告書は ALPS 処理汚染水の海洋放出の「科学的根拠」と
はならない」『原子力市民委員会』
http://www.ccnejapan.com/?p=13899#a（最終閲覧日：2023 年 9 月 24 日）。

竹峰誠一郎（2015）『マーシャル諸島──終わりなき核被害を生きる』新泉社。

竹峰誠一郎（2023a）「オセアニアから見つめる「冷戦」──「核の海」太平洋に抗う人た
ち」『岩波講座 世界歴史 第 22 巻』岩波書店。

竹峰誠一郎（2023b）「重層化する核被害のなかで──マーシャル諸島発「核の正義」を求め
て」『なぜ公害は続くのか──潜在・散在・長期化する被害』新泉社。

東京電力（2015）「福島第一原子力発電所のサブドレン水等の排水に対する要望書への回答」
8 月 25 日
https://www.tepco.co.jp/news/2015/1258420_6888.html（最終閲覧日：2023 年 9 月 24 日）。

東京電力（2021）『多核種除去設備等処理水（ALPS 処理水）の海洋放出に係る 放射線影響
評価報告書（設計段階）』

中山京子編著（2012）『グアム・サイパン・マリアナ諸島を知るための 54 章』明石書店。

宮内泰介（1985）「北マリアナ──非核地帯化、立法化へ」『月報公害を逃すな』1985 年 8 月
号。

宮野廣（2023）インタビュー「処理水放出しても「51 年廃炉」あり得ない」『朝日新聞』9
月 19 日。

メンディオラ、フィリップ（1980）「テニアンからの訴え」『月報公害を逃すな』11 月 - 12
月合併号。

横山正樹（1981）「核廃棄物の海洋投棄反対運動──太平洋諸島の住民の場合」『公害研究』
10（4）。

Cagurangan, Mar-Vic (2023) 'Japanese citizens are worried too' Diplomat on Guam says Japan will pause Fukushima water release if safety is deemed compromised," *Pacific Island Times*, September 6.
https://www.pacificislandtimes.com/post/japanese-citizens-are-worried-too（最終閲覧日：2023 年 9 月 24 日）.

Hosia, Hilary (2003) "Mayors vs. Japan waste plan," *The Marshall Islands Journal*, July 20
https://marshallislandsjournal.com/mayors-vs-japan-waste-plan/（最終閲覧日：2023 年 9 月 24 日）.

PEV: Pacific Elder's Voice (2023) "The Pacific is not a nuclear waste dumping ground!," August 23.

PIF: Pacific Islands Forum (2023) "RELEASE: Forum, PIF independent experts and IAEA – 2nd dialogue on Fukushima Wastewater," June 13
https://www.forumsec.org/2023/06/13/（最終閲覧日：2023 年 9 月 24 日）.

RMI: Republic of the Marshall Islands (2021) "RMI conveys concerns on Japanese Government decision to discharge wastewater from Fukushima Daiichi Nuclear Power Station," May 8.

第9章
気候危機とウクライナ危機と
忘却とによる「究極の選択」
―原発再稼働への平和学からの問題提起―

蓮井　誠一郎

1　はじめに

　高まる気候変動への国際的な危機感に押され、菅政権も2020年10月に「2050年カーボンニュートラル」を宣言し、2030年までに2013年比46％の二酸化炭素（CO_2）排出量の削減を目標とした（21年4月に50％を努力目標と表明）。また政府は2021年10月の第6次エネルギー基本計画で原発を「ベースロード電源」として位置づけ、2030年段階での電源構成の20〜22％を担うとした。2022年2月にはロシアがウクライナ侵攻を開始した。ロシアの化石燃料への制裁措置による資源価格高騰が、電力の約70％を火力発電に頼る日本の家庭や企業などに大きな負荷をかけていた。これらの動きと並行して、2020年頃から原発再稼働の容認に世論が傾き始めた。2011年の「3.11」から10年が経とうとしており、被災地以外で忘却も進む中で、コロナ禍による厳しい経済状況が世論に影響を与えたとも推測できる。

　この気候危機とエネルギー危機に直面した市民は、「気候危機とエネルギー危機か、原発再稼働か」という、いわば「究極の選択」を迫られていたかのようである。気候危機とエネルギー危機を元原発担当相の細野豪志は「前門の虎、後門の狼」と呼び、原発再稼働を解決策とした（朝日新聞2023年2月26日）。もちろんそこには再生可能エネルギー拡大という選択肢があるはずだ。だが岸田政権は、「GX実現に向けた基本方針（以後、GX基本方針）」の下で、「脱炭素成長型経済構造への円滑な移行の推進に関する法律案（以後、GX推進法）」と、「脱炭素社会の実現に向けた電気供給体制の確立を図るための電気事業法

等の一部を改正する法律（以後、GX 脱炭素電源法）」を国会で可決成立させ、"GX 実現" を旗印に原発の再稼働拡大と 60 年を超える稼働期間への延長を盛り込んだ。

　平和学はこの状況に対してどう貢献できるだろうか。平和学の強みには構造的暴力論というユニークな視点や社会的弱者からの目線を軸に、学際的で国際的かつ歴史的な視野の広さがある。そこから日本の原発再稼働への政策過程を批判的に捉え、それを構造的暴力の構築過程として明らかにするのが本章の目的である。

　この目的のため、本章では、グローバルな視点と被災の忘却の観点から日本の原発再稼働にかかる「究極の選択」という視野狭窄に至る流れを検討し、その内外からの圧力を先行研究や統計データや国際機関などの報告書、メディア報道などを通じて検証する。そのうえで、再稼働に伴うリスクと問題点を示し、「エネルギー安全保障」から「エネルギー平和」への移行という平和学の貢献可能性と今後の課題を明らかにする。

2　再稼働への三つの動き——気候危機、ウクライナ、忘却

（1）国際的なカーボンニュートラルへの流れからの圧力

　2015 年、国連気候変動枠組み条約（UNFCCC）の締約国会議（COP）である COP21 がパリで開催され、世界共通目標として世界の気温上昇の平均を＋2℃までとし、＋1.5℃に抑える努力目標が設定された。すべての国が削減目標である「国が決定する貢献」（NDC）を 5 年ごとに提出・更新することなどが合意された。2021 年の COP26 でこの＋1.5℃は合意文書となり、世界共通目標として位置づけられた。UNFCCC に基づき設置された、気候変動に関する政府間パネル（IPCC）は、2021 年から一連の第 6 次評価報告書（AR6）を出版し始めた。AR6 は「人間の影響が大気、海洋、及び陸域を温暖化させてきたことには疑う余地がない。大気、海洋、雪氷圏 、及び生物圏において、広範かつ急速な変化が現れている」（IPCC, 2021）と非常に強い確信度をもって気候変動に人間が関与していることを打ち出した。

　換言すれば、気候変動の未来は人間がある程度は制御できることを示唆す

る。だが UNFCCC の COP26 報告書では、各国の削減目標である NDC を足し合わせても、まったく + 2℃にも及ばないことが指摘されている。同報告書は、国際社会に可及的速やかな対応を求めている（UNFCCC/CMA/2021）。

　同様に、国連環境計画（UNEP）の報告書によると、2021 年の世界の排出量は土地利用や森林などの影響を除いて二酸化炭素（CO_2）換算で 52.8 Gt（1 ギガトン = 10 億トン）と過去最高を記録した。今世紀末に + 2℃以下に収めるためには、現状の NDC では 2030 年段階で、CO_2 換算で 12 〜 15Gt、+ 1.5℃に抑えるには同 20 〜 23Gt の削減が必要であるとされる（UNEP, 2022）。

　2030 年までに現状から 23 〜 40％程度の削減を達成しなければ、その先の削減はさらに短期間で多くを削減する必要がある。仮に削減ペースが上がらなければ目標到達が遅れ、それに応じて気候変動影響も拡大する可能性が高い。その中には不可逆的な影響も含まれるだろう。UNEP のこの報告書の副題は「閉じつつある窓——気候危機は迅速な社会変革を必要とする」である。また AR6 も「気候変動は、人類のウェルビーイングと惑星の健康（プラネタリー・ヘルス）を脅かすものである（確信度が非常に高い）。すべての人にとって住みやすく持続可能な未来を担保するための機会の窓は急速に狭まっている（確信度が非常に高い）」（IPCC, 2023: p.25）として至急の対応を強く求めている。これらは国際社会の迅速な対応が必要だという世論形成に強い影響を与えている。

　この気候危機からの圧力は、2030 年で 46％以上削減という「野心的な目標」を掲げる日本にとって即効性の高い CO_2 排出量削減手段である既存原発の再稼働への強い誘因となる。新増設やリプレースには何十年もの時間がかかるため間に合わない。既存原発を急いで再稼働させ、石炭火力や天然ガス火力など大量の CO_2 を排出する火力発電所の稼働を抑えることが、政策決定者や市民には魅力的な対策に見えてくる。

（2）ウクライナ危機によるエネルギー不安からの圧力

　2014 年 3 月、ロシアはクリミア半島を併合、その後もウクライナ東部のドンバス地方などで小規模な武力衝突が続いてきた。だがこの間も、対露強硬政策をとったアメリカに比して、「3.11」後に多くの原発が停止した日本や EU

はロシアの天然ガス等への依存を続けた。日本は 2014 年度に原油 8.4％、天然ガス 9.6％、石炭 8.7％（経済産業省，2016: pp.164-167）をロシアに依存していたことなどから、あまり強硬な態度をとらなかった。

　2022 年 2 月、ロシアはウクライナに全面侵攻した。これに対して日本も EU も強力な経済制裁を米国とともに発動し、特にエネルギー分野でのロシア・デカップリング（ロシア切り離し）が進んだ。2020 年の日本のロシアへのエネルギー依存度は原油 3.47％、天然ガス 8.16％、石炭 13.73％であった。特に天然ガスと石炭の依存度は EU 各国に比べれば相当低い。天然ガスはドイツ 45.71％、イタリア 40.87％、石炭はスペイン 53.94％、イタリア 52.7％（経済産業省，2022: p.56）である。だが日本の依存度の低さを無視はできない。市場で奪い合いになるからである。実際、輸入価格は高騰し、2022 年夏から秋をピークに上昇した。

　現在の日本は電力化率（最終エネルギーに占める電気の割合）が 2020 年段階では約 27.2％程度（経済産業省，2022: p.75）で、発電量のうち石炭（33.41％）と LNG（液化天然ガス）（36.30％）で約 70％を占める。日本にとって石炭と LNG の価格こそが、発電コストに大きく影響する。

　財務省貿易統計の主要商品別時系列表によると、LNG 価格は 21 年から上昇基調にあったが、22 年のウクライナ情勢を受けて 21 年 4 月の 4 万 4479 円／トンが 9 月に 16 万 4783 円／トンをつけた。石炭価格も 21 年 4 月の 1 万 1668 円／トンが 22 年 11 月の 5 万 3764 円まで上げた。

　これらのウクライナ危機がもたらすエネルギー危機による圧力は、家庭での電気代上昇にもつながった。JPEX の卸電力市場スポット価格を見ると、22 年は最高 26.19 円（3 月）から最安 16.95 円（5 月）の間で比較的高価な推移となっていた（23 年 6 月は 7.60 円に低下）。これは 22 年当時の政策決定者や消費者からは、天然ガスと石炭の価格上昇ゆえと受け止められ、それらへの依存度を下げたい、そのためには原発再稼働は有力な選択肢というマインドを後押しする一因となったと考えられる。またこの時期、後述の原子力小委員会などでの議論が活性化し、「エネルギー安全保障」が声高に叫ばれて原発再稼働の背中を強力に押していた。

（3）忘却からくる原発再稼働への世論傾斜

　「3.11」でも忘却と無縁ではない。毎日新聞社は発災直後の 2012 年には
『〈3・11 後〉忘却に抗して』（毎日新聞夕刊編集部編，2012）と題したインタ
ビュー録を出版し、識者 53 人の発災直後からの連載記事を通じて脱近代、文
明、科学技術、犠牲の仕組み、国内植民地など幅広い議論を展開しつつ、すで
に被災地と非被災地との間の「温度差」としての忘却を記録した。NHK 放送
文化研究所は 2020 年 11 月から 12 月までの調査で「あなたは、東日本大震災
の被災地に対する、人びとの関心が薄れてきていると感じていますか、それと
も感じていませんか」と問いかけた。全国では「大いに」「ある程度」感じて
いるが計 84％で、福島では同 83％だが、「大いに」感じている割合を比べると、
全国で 18％に対して福島で 22％とやや多い。

　小林秀行は発災当初盛んに喧伝された「絆」を扱った論文で、首都圏では
「絆」は生活世界の外側の言葉として受け止められ、内面化されなかったと指
摘する。そして使用が長期化していくなかで「絆」言説はシンボルとしての
「人を動かす力」を失い、使用の中断や積極的な拒絶をもたらし、交換可能な
「自分たち以外」の問題として処理され、震災から 2 〜 3 年程度で消費されて
いったとした。小林は「3.11」も文脈が利用されているのみで、被災地外にお
いて忘却され、時間的連続性を失いつつあると指摘した（小林，2022）。

　これらの忘却の進行は、被害の「風評」言説（第 11 章参照）と平行して、
原発再稼働への心理的抵抗を緩める効果があると推測できる。同時に見逃せ
ないのは、忘却を後押しした「被害の否認」である（第 1 章参照）。主要メ
ディアの世論調査で原発再稼働賛成が反対を上回り始めたのは 2020 年頃だっ
た。読売新聞と早稲田大学先端社会科学研究所（2020 年 8 月 24 日）の調査で
は、「規制基準を満たした原子力発電所の運転再開」については「賛成」58％
が「反対」39％を上回り、同じ質問を始めた 2017 年以降、計 5 回の調査で初
めて賛否が逆転した。NHK 世論調査（2022 年 12 月 13 日）では、経済産業省
が従来の方針を転換し、原子力発電所の運転期間の実質的な延長や、次世代型
の原子力発電所の開発や建設を進める行動指針を示したことについての賛否
について、「賛成」が 45％、「反対」が 37％、「分からない、無回答」が 18％
だった。ただし支持層別集計では与党支持層が賛成 63％、反対 26％、野党支

持層が賛成32％、反対59％で逆転し、原発再稼働についての立場に政治的分断が垣間見えた。

　朝日新聞の全国世論調査（2023年2月20日）では、原発再稼働賛成が震災後初めて過半数を上回る51％で、反対が42％だった。また被災三県の首長を対象とした調査（2023年3月4日）では、45市町村長アンケート（岩手12、宮城18、福島15）で岸田政権の「原発回帰」に対する賛否について、賛成1、どちらかといえば賛成13、どちらかといえば反対14、反対5、無回答などが12となった。賛成：反対は14：19で、宮城の自治体に賛成（10）や無回答など（6）が多く、福島の市町村には反対（8）や無回答など（6）が多かった。本章執筆時点で最新の調査（2023年5月2日）では、「【A】いますぐ原子力発電を廃止すべきだ、【B】将来も原子力発電は電力源の一つとして保つべきだ」のどちらに近いかという問いに対して、Aに近い10％、どちらかと言えばAに近い15％、どちらとも言えない29％、どちらかと言えばBに近い25％、Bに近い19％で、「この質問が始まった14年調査以降、廃止派が今回最も少なかったのに対し、維持派は最も多い結果となった（朝日新聞，2023

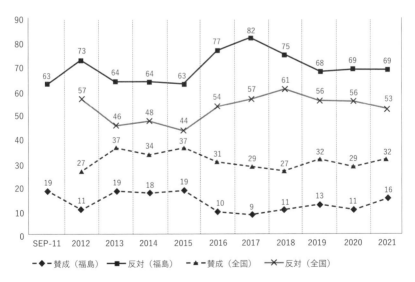

図1　「原子力発電を利用することに、賛成ですか。反対ですか」に対する回答の推移
出典：朝日新聞掲載の朝日新聞と福島放送の共同世論調査より作成

年5月3日）」と報じられた。

この傾向は、それまでの朝日新聞と福島放送の共同世論調査の結果の推移から見れば、急な変化に思える。図1は、原発の再稼働についての調査結果の推移だが、2021年初頭に至るも、福島県内はもちろん、全国レベルでも、賛成対反対は32対53と、一貫して反対が賛成に差をつけて上回っていた。

調査方法も対象も異なるので一概には言えないが、2022年以後の国内外の情勢変化が世論に一定の影響を与えたと考えられる。

3　再稼働に伴うリスクと構造的暴力──平和学の視点からの批判

（1）構造的暴力としての原発のリスク

構造的暴力とは、ヨハン・ガルトゥング（J. V. Galtung）が提示した平和学の概念の一つで、法律や制度、慣習などといった社会構造が人びとの潜在的実現可能性（Potential Realizations）の発現を阻害し、公害等による緩慢な殺人、政治的抑圧、経済的搾取、文化的疎外となることを指す（ガルトゥング, 2019: pp.176-177）。

原発は、稼働中の事故だけでなく、フロントエンド問題と呼ばれるウラン鉱山の開発や採掘による汚染（内山田, 2021; 土井・小出, 2001）や茨城県東海村 JCO 事故が典型の核燃料製造時のリスク（帯刀他, 2009）、バックエンド問題と呼ばれる使用済燃料や廃炉作業から出る放射性廃棄物の処理・保管のリスクがある（第12章を参照）。これは、特に鉱山や燃料工場、原発や廃棄物処分場周辺の住民、あるいは事故の際には予測困難なほど広範な地域の住民にとって、緩慢な殺人リスクあるいは「緩慢な暴力」（前田, 2023）の増大を意味する。このようなリスクは、社会的に法制度などで正当化された原発関連事業によるもので、政府や事業者の安全追求への真摯な努力を前提としながらも、完全には排除することができない。例えば原子力規制委員会ウェブサイトには「この新規制基準は原子力施設の設置や運転等の可否を判断するためのものです。しかし、これを満たすことによって絶対的な安全性が確保できるわけではありません。原子力の安全には終わりはなく、常により高いレベルのものを目指し続けていく必要があります」とある。これは原発立地とその稼働・再稼働

は周辺住民とそうでない住民との間にリスクの格差を生み、構造的暴力として機能することとなる。

　GX脱炭素電源法が正当化して日本社会に組み込んだ原発再稼働と原子力産業の保護政策は、原発にまつわるさまざまなリスクを広範な地域住民に当面は押しつけることになる。そして事故の責任を十分にとることが不可能であることは「3.11」後の状況が示すとおりである。

（2）再稼働に向けた動き――暴力的社会構造の構築

　では今回の原発再稼働の構造化という動きはどのように進んだのか。ここでは原子力小委員会の議論から説き起こす。原子力小委員会はエネルギー基本計画において示された原子力分野に関する方針を具体化すべく2014年に設置された。21年4月以来開催がなかったが、ロシアのウクライナ侵攻当日の22年2月24日に開催された。

　資源エネルギー庁は「今後の原子力政策について」と題する資料を提出し、説明した遠藤原子力政策課長（当時）は地球温暖化への関心の高まりと新興国の経済拡大を背景に、「エネルギー需給の長期的な将来像については、これはどんどん不透明になってきている」として、資料にはないウクライナ情勢についても不透明感を増す要因とコメントした（原子力小委員会, 2022: p.7）。資料ではエネルギー自給率の低さを理由にしつつ、①原発の着実な再稼働の推進、②革新的な安全性の向上等に向けた取り組み、③国民、自治体との信頼関係の構築、④原子力の安全を支える人材・技術／産業基盤の維持・強化、⑤原子力の平和利用に向けた国際協力の推進、⑥核燃料サイクルの着実な推進と最終処分を含むバックエンド課題への取り組みを今後の論点とした。この日の議論でウクライナ情勢については複数の委員から言及があり、エネルギー自給の観点から原子力を推す意見や政策の柔軟性、情勢変化、資源価格ボラティリティー上昇などが指摘された。

　続く3月28日開催の資料には、新項目で「⓪2050年カーボンニュートラル実現に向けた課題と対応」が加わり、「国際情勢に左右されやすい自給率の低い国における、原子力の必要性の認識」「2050年カーボンニュートラルの達成には利用可能なエネルギー源や技術の総動員が重要」「国際情勢に左右されな

い電源を増やすことは、エネルギー自給率向上だけでなく、交渉力を確保するうえでも意義」がある、といった原子力を直接間接に後押しする文言が並んだ（資源エネルギー庁，2022）。

そして委員会は 22 年中に 12 回が開催され、12 月 8 日には「今後の原子力政策の方向性と実現に向けた行動指針」を一部委員の反対を押し切って審議決定し、原子力の開発・利用における「基本原則」としてまとめた（表 1）。

同委員会がロシアのウクライナ侵攻開始時期から活発化したことは、経済産業省や政権が侵攻を追い風に利用したためと考えられる。21 年 11 月 12 日には、ブルームバーグなどが米国がロシアのウクライナ侵攻を各国に警告したことを報じており（Bloomberg, 2021/11/12）、日本政府が侵攻とその後の影響を想定していた可能性は否定できず、その後の同委員会の議論でもウクライナ情勢は、後述の武力攻撃リスクにもかかわらず、原発再稼働を後押しする材料になってきたからである。

この原子力小委員会の決定は 8 日後の 2022 年 12 月 16 日開催の経済産業省

表1　原子力小委員会の「今後の原子力政策の方向性と実現に向けた行動指針」

基本原則	①開発・利用に当たって「安全性が最優先」であるとの共通原則の再認識
	②原子力が実現すべき価値
	革新技術による安全性向上
	安全強化に向けた不断の組織運営の改善、社会との開かれた対話を通じた、エネルギー利用に関する理解・受容性の確保
	我が国のエネルギー供給における『自己決定力』の確保
	グリーントランスフォーメーションにおける『牽引役』としての貢献
	③国・事業者が満たすべき条件
	規制に止まらない安全追求・地域貢献と、オープンな形での不断の問い直し
	安全向上に取り組んでいく技術・人材の維持・強化、必要なリソースの確保
	バックエンド問題等、全国的な課題において前面に立つべき国の責務遂行
	関係者が上述の価値の実現に向けて取り組むために必要となる国の政策措置
	官民の関係者による取り組み全体の整合性を確保していくための枠組みの検討
行動指針	再稼働への総力結集
	既設炉の最大限活用
	次世代革新炉の開発・建設
	バックエンドプロセス加速化
	サプライチェーンの維持・強化
	国際的な共通課題の解決への貢献

出典：原子力小委員会第 35 回の資料より筆者作成

内の総合資源エネルギー調査会基本政策分科会（第52回）に引き継がれ、すでに7月より始まっていた内閣官房のGX実行会議でGX基本方針に盛り込まれ、2023年2月10日閣議決定された。GX基本方針では気候変動への脱炭素対応、ロシアのウクライナ侵攻によるエネルギー危機、欧米の脱炭素政策の進展をふまえ、エネルギー安定供給と経済成長の実現を謳っている（内閣官房GX実行会議, 2023: pp.1-2）。同時に「エネルギーの安定供給の確保を大前提としたGXの取組」として、「①徹底した省エネの推進、②再エネの主力電源化、③原子力の活用、④その他」の重要事項が挙げられた。この方針には「廃炉を決定した原発の敷地内での次世代革新炉への建て替えを具体化する」（同：p.7）、「既存の原子力発電所を可能な限り活用するため、（中略）原子力規制委員会による厳格な安全審査が行われることを前提に、一定の停止期間に限り、追加的な延長を認めることとする（同：p.8）」とあり、再稼働に加えて新設・リプレースや運転期間延長を含む非常に大きな原子力政策の転換がある。

GX基本方針の閣議決定の18日後の2月28日、政府は内閣府原子力委員会が2月20日に提出していた「原子力利用に関する基本的考え方」を閣議決定で「尊重する」とした。その重点的取組は東電福島第一原発事故の反省と教訓を前面に立てるというこれまでの入口を踏襲しながらも、エネルギー安全保障や気候変動緩和策のカーボンニュートラルに資することを理由に原子力利用の拡大を掲げた。そのための原発事業の予見性改善、原発再稼働、効率的な安全確認、原発の長期運転、革新炉の建設、核燃料サイクル、使用済燃料の貯蔵能力拡大、サプライチェーン構築、核セキュリティ、国民の信頼回復、放射線の利用拡大、技術基盤維持と人材育成が組み込まれた。

ここまでの流れは、気候危機の物語が国際的に共有され、パリ協定などの国際約束が固まり、カーボンニュートラルへの世界的潮流が生まれてきたところで発生したウクライナ情勢悪化によるエネルギー危機による「究極の選択」で動揺した世論に乗って、「3.11」の忘却が進む中、"GX実現"のかけ声の下で一気に原発再稼働などへ舵を切った政権の姿を表している。岸田政権はこれらの流れに乗り、衆議院に原子力基本法を含む関係法令の改正案を「GX脱炭素電源法案」として2023年2月28日（GX基本方針閣議決定と同日）に衆議院に提出し、その後5月31日に参議院で可決成立した。

原子力の憲法ともいわれる原子力基本法の改正では、原子力利用の目的に
「地球温暖化の防止」が加わった。これは再エネ等と並ぶ脱炭素電源として、
次元も規模も異なるリスクを抱える原子力発電を位置づけることである。原子
力市民委員会座長の大島堅一は、「原子力基本法改正案が成立すれば、原子力
基本法は、原子力開発推進法に変貌する」と指摘し、「①衰退する原子力発電
に関する国民負担が増加する。②原子力事業者・産業が法律上特別視され、優
遇され、他の事業者との間の不公平が拡大する。③原子力に関する諸問題（安
全性軽視、核燃料サイクルの破綻放置、立地地域の分断）が深刻化し、解決困
難になる」（大島，2023: p.15）と警告している。

（3）エネルギー政策の平和学から見た問題

　では、日本のエネルギー政策を平和学から見た場合の問題点は何か。それは
エネルギー安全保障や気候危機対応の名の下に、「緩慢な暴力」を黙認し「準
国産エネルギー」「脱炭素電源」として原子力発電を位置づけ、大きなリスク
を排除できない電源とその産業を、国民的議論を経ずに将来世代にわたって国
家の責任として保護し、「ベースロード電源」として位置づけ、構造化した点
にある。

　本当に原子力は「準国産エネルギー」なのだろうか。政府がそう呼ぶ理由
は「ウラン輸入の費用が発電費用に占める比率がきわめて小さく、また、一度
輸入すれば燃料リサイクルにより長く使用できることから」（原子力百科事典
ATOMICA，2010）だとされている。しかし、ウラン自体は国産できず、ほ
ぼ全量輸入に頼ってきた。図2はウランなどの輸入実績で、1997年には1800
トン近くを輸入している。主な輸入先はアメリカ、フランス、イギリスである。
2011年の震災後は原発が停止して輸入量もほぼ消滅している。燃料リサイク
ルについては、発生するプルトニウムを燃やす必須技術の高速炉開発が「もん
じゅ」廃炉で頓挫し、ウランと混ぜるプルサーマルは拡大できず、2018年に
原子力委員会はプルトニウムの国内外での削減を決め（原子力委員会，2018）、
青森県六ヶ所村の再処理施設も竣工を延期し続けている中で、将来は見通せな
い。このままではやはり燃料を輸入に頼らざるをえず、そんなエネルギーをた
とえ「準」であろうと国産エネルギーと呼ぶのには無理がある。

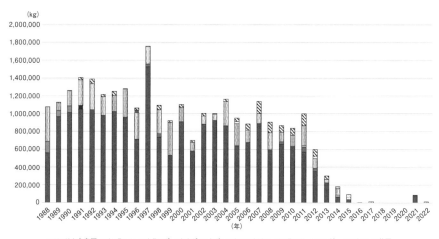

図2　ウランなど核燃料の輸入実績（1988 ～ 2022 年）

（出典：財務省貿易統計から品目コード 284420090 と 840130000 の値から作成）

「脱炭素電源」という点について、確かに原発は発電時に二酸化炭素をほぼ排出しない。だがライフサイクルでの排出量については、電力中央研究所（電中研）の 19.4 g-CO$_2$/kWh（電力中央研究所，2016: p.45）と、海外の研究者（Sovacool, 2008: p.2957）の中央値 66.08 g-CO$_2$/kWh、最小 1.36 g-CO$_2$/kWh、最大 288.3 g-CO$_2$/kWh との間で評価が分かれる。この値は例えばウラン燃料の濃縮方法によっても変化する（電力中央研究所，2016: p.47）ので、今後のウラン採掘状況にも左右される。仮に最大値であれば電中研計算の 430.1 g-CO$_2$/kWh の LNG 複合火力（1,500℃の高温型）に迫る値になってしまうが、中央値であれば電中研計算の事業用太陽光発電の 58.6 g-CO$_2$/kWh 程度となる。いずれにしても、火力発電よりは「脱炭素」だといえるが、その"貢献度"についてはリスクに釣り合うか評価が難しい。

　では、原子力は全体でどの程度の脱炭素に貢献できるのか。第 6 次エネルギー基本計画では、2030 年時点の原子力のシェアは 20 ～ 22％程度（資源エネルギー庁，2021: p.70）で、2030 年段階でも 41％程度が火力である。それは計画中の原発が再稼働しても大規模なエネルギー需要の変化なしには、火力発電、特に LNG 火力は稼働し続けることを意味する。

また国内が必要とするすべてのエネルギー量である一次エネルギーでは、2030年でもまだ化石燃料が約68%を占める見通しである（資源エネルギー庁, 2021: p.68）。エネルギー安全保障の観点からは、危機の十分な解決にはならない。気候変動緩和策の観点からは、火力発電の二酸化炭素の抑制や回収なしには、現在再稼働を見通す原発だけでは大きなインパクトを持てない。必然的に運転期間延長、リプレースや新規増設への誘因が働き、これらがGX脱炭素電源法に組み込まれた。また再エネについても、増大はするものの、その調整力のなさゆえに出力制御や揚水発電所や蓄電池へのシフトによるロスは現状で避けがたく、これに対応する送電網の強化増設にも時間とコスト（7兆円規模）がかかり、ある想定では原発はすべて60年稼働、火力発電は45年で水素・アンモニアにリプレースだが（電力広域的運営推進機関, 2023）、過去の電力全体の動きから見てあまり現実味はない。

4　平和学からの現代エネルギー政策への提言

（1）エネルギー政策再構築への議論深化

　一次エネルギーに占める電力の比率は2021年に48%になった。電気は何から発電してもその働きは変わらない。そのことが、私たちに電源についての無関心をもたらしてきた。それはひいては、自身に関わる目前の利便性とコストやリスクのバランスにばかり注目し、発電のための資源採掘現場から未来世代にまで影響する廃棄物問題まで、数々の遠く離れた構造的暴力についての無関心につながってきた。また、顕在化した原発リスクが忘却される中、提示される気候変動とエネルギー危機のリスクは、人びとの判断に大きな影響を与え、視野狭窄が「究極の選択」をもたらしてしまった。

　また国際原子力機関（IAEA）によると、2021年末段階で原発は世界に437基ある（IAEA, 2022）。日本だけ脱原発できても、国内に残った廃棄物やプルトニウムの処分などさまざまな暴力は残り、国内外に「緩慢な暴力」にさらされる人びとが残る。平和学の役割は、原発のフロントエンドからバックエンドまでの暴力を発信し続け、近い将来に原発による暴力を世界からなくし、別の脱炭素電源を確保する方策を示すことにある。

このためにはグローバルなエネルギー政策の再構築が必要だろう。他方で細野豪志の言う、世界のために原発を再稼働して LNG や石炭を他の国が買いやすくするのが国際的な責任（FNN プライムオンライン，2023 年 3 月 12 日）だという考えは、視野が広いようで実は狭く長期的視点を欠いている。この点について科学的な議論を深めることも平和学の役割に加わるだろう。そこでは、エネルギー安全保障（増大するエネルギー需要に対して競争に勝ち抜いて安定供給を保障していくこと）よりもエネルギー平和（エネルギーや関連施設の生産・消費・廃棄の際に発生する暴力を縮減すること）をどう追求していくかをも議論することが肝要である。

（2）原発による戦争という新たなリスク

　原発への武力攻撃は、1980 年のイラクのオシラク原発へのイスラエル軍による空爆が最初とされる。だが、原子力資料情報室（CNIC）の調査では、その他イランやイスラエルにも攻撃事例がある（原子力資料情報室，2023）。

　ロシア軍がウクライナで占拠を狙ったのは、チョルノービレ、ザボロジエだけではない。戦争研究所（ISW）によれば、南ウクライナ原発にも 2022 年 3 月 7 日頃まで部隊を進めていた形跡がある（ISW, 2023）。結果的にはあと 10 km ほどのところで撤退したが、もし占拠されていれば、さらなる危機を深めたであろう。

　軍事施設に主に電力供給を行う設備としての原発への攻撃は国際法でも完全には禁じられていない。福井康人によれば、ジュネーブ諸条約第一追加議定書第 56 条が適用可能だが、除外規定もあるため、原発への攻撃が許容されるかは解釈が分かれているとする（福井，2022）。自衛隊基地や施設が原発の電力を一切使わないことを証明しない限り、原発への攻撃が完全に禁じられていない現状では、日本の原発（および関連施設）は安全保障上のリスクとなる。

　エネルギー安全保障の追求が、広範囲の人びとの人間の安全保障上の脅威となる。このような構造的暴力をいかに克服するか。「エネルギー平和」という現在の平和学に課せられたパラダイム転換の課題はこれまでになく重いといえる。

＊本研究は、環境省・（独）環境再生保全機構の環境研究総合推進費「気候変動影

響予測・適応評価の総合的研究（S-18）」（代表：三村信男（茨城大学 地球・地域環境共創機構））（JPMEERF20S11801）の成果である。

参考文献

朝日新聞（2023 年 2 月 26 日）「元原発相・細野豪志氏『運転年数の規制、科学的でないと思っていた』」。

内山田康（2021）『放射能の人類学——ムナナのウラン鉱山を歩く』青土社。

大島堅一（2023）「原子力基本法改正案の批判的解説」CCNE オンライントーク配付資料（2023 年 3 月 23 日）。

ガルトゥング、ヨハン（藤田明史編訳）（2019）『ガルトゥング平和学の基礎』法律文化社。

経済産業省（2016）『平成 27 年度　エネルギーに関する年次報告』。

　https://www.enecho.meti.go.jp/about/whitepaper/2016/　（最終閲覧日：2023 年 7 月 22 日）

経済産業省（2022）『令和 3 年度　エネルギーに関する年次報告（エネルギー白書 2022)』。

　https://www.enecho.meti.go.jp/about/whitepaper/2022/html/　（最終閲覧日：2023 年 6 月 13 日）

原子力委員会（2018）「我が国におけるプルトニウム利用の基本的考え方」。

　http://www.aec.go.jp/jicst/NC/iinkai/teirei/siryo2018/siryo27/3-2set.pdf　（最終閲覧日：2023 年 5 月 23 日）

原子力小委員会（2022）「第 24 回議事録」。

　https://www.meti.go.jp/shingikai/enecho/denryoku_gas/genshiryoku/pdf/024_01_gijiroku.pdf　（最終閲覧日：2023 年 6 月 19 日）

原子力資料情報室（2023）「【原子力資料情報室声明】原子力利用は安全保障上の脅威——ザポリージャ原発攻撃から 1 年」。

　https://cnic.jp/46489　（最終閲覧日：2023 年 3 月 27 日）

原子力百科事典 ATOMICA（2010）「準国産エネルギー」。

　https://atomica.jaea.go.jp/dic/detail/dic_detail_2118.html　（最終閲覧日：2023 年 5 月 22 日）

小林秀行（2022）「『祭り』としての東日本大震災——非被災地の『絆』言説にみる災害の消費と忘却」日本災害情報学会『災害情報』No.20-2。

資源エネルギー庁（2021）「2030 年度におけるエネルギー需給の見通し（関連資料）」。

　https://www.meti.go.jp/press/2021/10/20211022005/20211022005-3.pdf　（最終閲覧日：2023 年 7 月 15 日）

資源エネルギー庁（2022）「資料 3：エネルギーを巡る社会動向と原子力の技術開発」（原子力小委員会、令和 4 年 3 月 28 日）。

　https://www.meti.go.jp/shingikai/enecho/denryoku_gas/genshiryoku/pdf/025_03_00.pdf

（最終閲覧日：2023年6月13日）

帯刀治他編著（2009）『原子力と地域社会――東海村JCO事故からの再生・10年目の証言』文眞堂。

電力広域的運営推進機関（2023）「広域系統長期方針（広域連系系統のマスタープラン）」。
https://www.occto.or.jp/kouikikeitou/chokihoushin/ （最終閲覧日：2023年6月11日）

電力中央研究所（2016）「日本における発電技術のライフサイクルCO_2排出量総合評価（総合報告：Y06）」。

土井淑平・小出裕章（2001）『人形峠ウラン公害裁判――核のゴミのあと始末を求めて』批評社。

内閣官房GX実行会議（2023）「GX実現に向けた基本方針――今後10年を見据えたロードマップ」。
https://www.cas.go.jp/jp/seisaku/gx_jikkou_kaigi/index.html （最終閲覧日：2023年8月2日）

福井康人（2023）「ウクライナの原子力施設に対する攻撃を国際法に照らして考える」『CISTECジャーナル』No. 203。

毎日新聞夕刊編集部編（2012）『〈3・11後〉忘却に抗して――識者53人の言葉』現代書館。

前田幸男（2023）『「人新世」の惑星政治学――ヒトだけを見れば済む時代の終焉』青土社。

Bloomberg（2021年11月12日）"U.S. Warns Europe That Russia May Be Planning Ukraine Invasion."

IAEA (2022) Nuclear Power Reactors in the world 2022 edition (IAEA-RDS-2/42).
https://www.iaea.org/publications/15211/nuclear-power-reactors-in-the-world （最終閲覧日：2023年10月1日）

Institute for the Study of War（ISW）（2023）"Interactive Time-lapse: Russia's War in Ukraine."
https://storymaps.arcgis.com/stories/733fe90805894bfc8562d90b106aa895 （最終閲覧日：2023年8月9日）

IPCC（2021）"Summary for Policymakers" in: *Climate Change 2021: The Physical Science Basis. Contribution of Working Group I to the Sixth Assessment Report of the Intergovernmental Panel on Climate Change*. Cambridge University Press.

IPCC（2023）"Summary for *Policymakers" in Climate Change 2023: Synthesis Report. Contribution of Working Groups I, II and III to the Sixth Assessment Report of the Intergovernmental Panel on Climate Change*. IPCC, pp.1-34.

Sovacool, B. K. (2008) Valuing the greenhouse gas emissions from nuclear power: A critical survey. *Energy Policy*, 36(8), pp.2950-2963.

United Nations Environment Programme（2022）Emissions Gap Report 2022: The Closing Window — Climate crisis calls for rapid transformation of societies. Nairobi, pp.XIX-XX. https://www.unep.org/emissions-gap-report-2022 　（最終閲覧日：2023/05/04）

第３部

原子力型社会を乗り越える

第10章

原発事故後の分断からの正義・平和構築

―非対称コンフリクト変容と修復的アプローチ―

石原　明子

1　はじめに――原発事故と紛争解決学

　2011年の東日本大震災とそれに続く原発事故の直後には、「分断」と当時呼ばれた多くの人間関係葛藤（コンフリクト）が生じた。地域や家庭や友人関係の中で、意見の相違や対立、それによる傷つけあう関係性が生じた。調和を基調とするといわれる日本社会、特に被災地域のコミュニティの中で意見の相違やそれによる傷つけ合いは、被災者たちに、地震の揺れ、津波、放射性物質の降下という物理的な被害に重ねて、大きな苦難として降りかかった。

　大規模災害や公害などが起こると、物理的な被災や被害に加え、人間関係の葛藤や分断が生じることが多い。筆者が住む水俣でも、地域の人間関係の分断や水俣病についてタブーとして語れない状況が、水俣病の公式確認から70年近く経つ今でも続いている。

　日本語で対立・葛藤・紛争などと訳されるコンフリクトは、他者への攻撃といった熱く目に見える形で生じるだけではなく、人間関係がぎくしゃくしたり、タブーで語れないことがあったり、陰で悪口をいったりという静かで冷たい形でも生じることがある。紛争変容論（conflict transformation）を唱えたレデラック（J. P. Lederach）は、対立・葛藤・紛争（コンフリクト）を、関係性や社会構造における暴力を減らし、正義ある平和な社会を構築していく機会と捉えた（レデラック，2015）。対立・葛藤・紛争は、人びとの満たされないニーズがあるから起こり、その裏に暴力や不正義が存在することが多い。原発事故後の人間関係葛藤は、なぜ起こり、私たちにどのような暴力・不正義の存在を知らせていただろうか。

　本章では、原発事故直後に発生した人間関係葛藤について振り返り、そのメ

カニズムを分析し、その対立・葛藤を変容させながら平和で正義ある未来を構築するための理論と行動モデルを提示する。筆者は、福島県浜通り・中通り地域、熊本への避難者を主な対象にしたフィールドワーク調査と、水俣と福島の人びとの交流研究を続けてきた。この 10 年で、原発事故被災者の中での目に見える人間関係葛藤は事故直後よりは減少したように見えるが、それは原発をめぐる構造的暴力が解決されたために葛藤が減少したわけではなく、構造的な暴力が再び再強化されているようにも感じる。紛争変容のモデルを参考に、そのような現状も考察しながら、道筋を提示したい[1]。

2　原発事故直後の家庭や地域での対立や葛藤

　原発事故の直後から数年の間に、被災者たちを苦しめた人間関係の対立や葛藤の例としては下記のようなものがあった（石原・岩渕・広水，2012）。
　〈家庭内の対立と本音が話せない雰囲気〉
　家庭内で、放射線被ばくについての心配や行動選択をめぐり、葛藤が起こった。例えば、母親が子どもの健康を心配して線量計を買うべきか避難すべきかと夫に相談しても、夫がその話題に触れたくないと怒り出したり、子どもの祖父母が畑で取れた農産物を孫に持ってくるが、それを食べさせたくない母親がこっそりすてて、祖父母に責められるなど。
　〈自主避難した人と避難しないでいる人の関係の断裂〉
　避難指示されていない原発事故被災地では、自主避難をした人と、その地に留まった人、留まらざるを得なかった人がいた。避難した人たちは留まる人たちから「裏切り者」と呼ばれ、避難する人も罪悪感を持つこともあった。
　〈放射線防御行動をめぐる他者攻撃〉
　原発事故被災地で、マスクの着用や遠方からの野菜の取り寄せなどの被ばく防護行動をする人は、「この地域が汚れていると思っている裏切り者」などと冷たい視線を浴びせられることがあった。一方で、熊本などの自主避難者のコミュニティでは、被ばく防御行動が不十分とみなされた人が「子殺し」と呼ばれて批判されることもあった。

〈学校でのいじめ〉

福島県外に避難した子どもが避難先で、「福島から来て、汚れている」といじめられ、福島にもどったら「福島から逃げた裏切り者」といじめられた。

〈賠償に関する線引きによる軋轢〉

原発事故の賠償の対象になった人とならなかった人の間で、感情的対立が生まれた。双葉郡からの避難者を多く受け入れたいわき市では、避難者の仮設住宅への落書きがあったり、「賠償金でパチンコばかり」「避難者は暇で医療費が無料だから毎日病院にいっている。そのせいでいわき市の病院や道が混む」などの陰口を言われた。賠償に関する話題は、福島県内でタブーであった。

〈地域の農家と地域の子どもの母親たちの対立〉

地元の農産物を食べさせることに不安を持つ母親たちと、農産物を売らねばならない地元農家が、「私の目の前に敵がいた」とののしり合うこともあった。

3　なぜ原発事故後に対立や葛藤が多発したのか

対立や葛藤が起きたときに、紛争解決学では、対立や葛藤のステークホルダーの関係性や、対立・葛藤の発生のメカニズムに関する紛争分析を行い、紛争変容の戦略を考えていく。分析の結果、本章では、原発事故後の対立・葛藤のメカニズムとして、(1) 傷ついた社会のメカニズム、(2) 非対称コンフリクト（構造的暴力・文化的暴力）のメカニズムという二つに注目をして論じたい。二つ以外にも、補償に関する法制度や行政制度（敵対的論証や線引き）の弊害、自然災害ではなく原発という人為技術による災害であることのポリティクスもあり、人間関係の対立や葛藤が生み出された（石原・岩渕・広水, 2012）。

（1）傷ついた社会のメカニズム

大きなストレスや傷つき（トラウマ）を引き起こす出来事（traumatic event）は、人びと（個人のみならず企業や政府も含む）の行動や認知に大きな影響を与える。大災害では、社会やコミュニティの全員が傷つき、すべての人の行動や認知が影響を受ける。そのような社会を「傷ついた社会（traumatized community）」（Yoder, 2005）といい、人間関係における他者攻

撃や対立を含め、通常とは違う社会心理状態や行動が起こりやすい。

（ⅰ）ストレスやトラウマのアクトアウトとしての他者へ攻撃
　適応能力を超えるストレスや傷つく出来事を経験すると、その出来事の暴力的なエネルギーがその人の中に蓄積し、出口を求めて暴れまわる（*ibid.*）。出来事のエネルギーが内側（自分自身）に向かう場合（アクトイン）には、その人の身体症状や精神症状として現れるが、そのエネルギーが外側（他者）に向かうこと（アクトアウト）もある（*ibid.*）。その場合、物を壊す、人を攻撃する、人に当たる、矛盾を他者に押し付けるといった行動として現れ、人間関係を悪化させる要因となりえる。被災者は図1のような心理サイクルに入ることがある。大災害では、社会の全員が大きなストレスや人生への傷（トラウマ）を抱え、アクトインやアクトアウトの連鎖が社会全体で起こり、紛争や人間関係の葛藤が起きやすい。

（ⅱ）心理的防衛機制による異なった認知やナラティブの形成と強化
　ストレスから心を守るため、心理的防衛機制という心理メカニズムがある。認めたくないことを無意識下に押しやる「抑圧」や、その抑圧された気持ちと

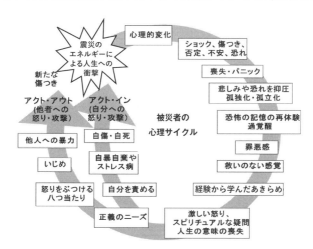

図1　傷ついた社会の心理反応と葛藤・紛争サイクル
出典：Yoder 2005 を筆者が改変

正反対の行動をとる「反動形成」など、いくつかの防衛機制が知られている。

　例えば、先祖代々福島に住む男性が「福島は危ないかもしれない。県外に避難をすべきか」と頭をよぎっても、先祖の墓や仕事がここにあり自分には福島から出る選択肢は考えられないという場合には、その「福島が危ないのかも」という思い自体が、自分を板挟みにして苦しめる。そのため、その思いを無意識下に「抑圧」し、「安全なのだから心配する方がおかしいのだ」と心理的に思い込むようになる。これは「抑圧」の防衛機制である。さらに「危ないのかも」という自分にとって認めたくない思いを打ち消すため、「安全なんだから、マスクなんかせずに、被ばくを気にせずに屋外でいつも以上にがんばろう！」と「認めたくない思い」とは正反対の行動をとることも人間にはある。これは「反動形成」という防衛機制の例である。「抑圧」や「反動形成」のメカニズムで認知や信条が形成されると、それと矛盾する他者の言動は、自らが作り上げた心理的安全の壁を壊す可能性のある危険な存在となる。このように、強いストレス下で心理的防衛機制が働いているときに、自分と異なった考え方の他者は、自らの心理的安全を壊す「敵」と感じられる。

　社会全体が強いストレスにさらされると（集団的トラウマ状態）、心理的防衛機制が集団全体で働き、その集団の規範あるいは文化を造り出す。例えば、福島在住者の間では「福島は安全で、危ないなんて思ったり口にしたりしてはいけない。危ないかもと思わせる行動（マスクなど）はしてはいけないのだ」という規範が生まれることもある。するとその地域では「危ないかもと思っている人」や「危ないと訴えている人」「危ないかもと思って行動している人」を、社会の規範に従わない人と認識し、「神経質な人」「社会運動家」「裏切り者」と呼んだりして、社会の端っこに追いやることになる。一方、自主避難者のコミュニティでは、逆の規範も生まれた。例えば熊本の自主避難者コミュニティでは、「福島も東京も危険で、放射線防御行動はできるだけするべきで、防御行動をしない人は『敵』である」という認識と規範が生まれた。

（ⅲ）トラウマの連鎖サイクルと傷ついた社会の症状
　社会全体が大きなストレスや傷つきを受けた「傷ついた社会」では、皆が図１の矢印のサイクルに入る。アクトアウトで他者への攻撃や矛盾の押し付け

が起こると、攻撃されたり矛盾を押し付けられた人が傷つき、さらに他者を傷つけていく。心理的防衛機制も起こり、認識のギャップも深まる。これをトラウマの連鎖サイクルという。傷ついた社会では、複雑なトラウマの連鎖を経て、人間関係の崩壊、真実を語ることの困難、情報隠し、民主主義からの退行、善悪や敵味方という語り、アイデンティティの強化（「私たち」は「あなたたち」と違うという語り）、社会的排除やいじめ、カルト宗教やヒロイズムやファシズム等といった現象が起こることが知られている（石原・岩淵・広水, 2012）

（2）非対称コンフリクト（構造的暴力・文化的暴力）のメカニズム

上記のメカニズムで、原発事故後には、他者あるいは自分への多くの攻撃が生じたり、認識や規範の相違が生まれたりした。しかしこの状況をさらに複雑にするのが、原発事故をめぐるステークホルダー間に力関係の差があることである。

（i）原発や原発事故のステークホルダーの範囲と力関係

家庭内での対立・葛藤を例に考えてみたい。母親は放射能汚染を気にして防護行動をしようとするが、子どもの父親や祖父・祖母は気にしない行動をし、対立・葛藤が生まれた。この対立・葛藤のステークホルダーは、実は家族だけではない。母親はインターネットで「ママ用ウェブサイト」を見て、放射能の危険性に関する情報検索をする。その背景に、放射能汚染の危険性に警鐘を鳴らす専門家やNPOなどがいる。一方で子どもの父親は、福島県内の会社で働き東京電力と関係する企業であったり、関係がなくとも福島の地域経済を守るために「福島に汚染はなく、風評被害が問題である」という認識や規範に寄りがちだ。祖父母世代は、インターネットは見ず、新聞・NHKニュース・行政広報から情報を得る。そこでは、国や県の「公式見解」に近い立場が語られる。さらに国や県の行政でも、経済産業省、厚生労働省、環境省、県行政など多様なセクターが関係し、力関係がある。また原子力政策は、国際的には核政策とも関係し、米国や中国を含む国際政治にも影響される。きわめて多様なステークホルダーの中で、たった一つの被災地家庭の中に分断を与えるようなさまざまな異なった知見や制度が作られていくのである。

原発事故をめぐるステークホルダーを筆者が分析して分かったことは、原発事故の被害は力の弱いステークホルダーに集中し、原発の利益は力の強いステークホルダーに集中する構造であるということであった。紛争解決学の用語でいえば、ステークホルダーの間に力の差がある非対称コンフリクト（asymmetric conflict）である。しかも、一人一人の人間や組織が、その力の非対称な社会構造やそれを支える文化（考え方）に組み込まれていて、ガルトゥング（J. Galtung）のいう構造的暴力・文化的暴力の側面をもつ（Galtung, 1969）。ガルトゥングは、その社会の中で一部の人がその社会構造の中で不利益を被るような場合、そこには構造的暴力が存在すると説明した。

（ⅱ）矛盾や葛藤は弱者に蓄積される

　上記で、傷ついた社会のメカニズムにおけるアクトアウトとアクトインについて述べたが、これはステークホルダー間の力関係の中で連鎖していく。人も組織も社会も一般に、他者への攻撃性は自分より強者には向けにくく、意識的無意識的に自分より弱者に向ける傾向がある。アクトアウトは、目に見える暴力的な攻撃性だけではない。大災害に適応して生き延びるために、すべての人がさまざまな「生き延びるための工夫（リアクション）」をするが、この「工夫」同士が両立しない場合、力の強い人の「工夫」が弱い人の「工夫」を凌駕する。大災害の中で生き延びて自己保存するための「工夫」は、暴力的なアクトアウトとは違うが、他者に影響を与える以上は、静かなるアクトアウトといえる。このように大災害における矛盾や問題は、音もなく社会的弱者に押し付けられる。大都市よりも地方へ、大企業よりも零細経営者へ、さらにコミュニティの立場の弱い人たちに蓄積されゆく。ここでいう力は、経済力、発言力、人数、社会的つながり力など多様な側面がある。

（ⅲ）認識や規範が強者の論理で固定化されていく

　力関係の差は、「傷ついた社会のメカニズム」の（ⅱ）で述べた異なった認知や規範にも影響を与える。心理的防衛機制によって生み出された異なった認知や規範の中で、時間が経つほど、力の強いステークホルダーにとって都合の良い認知や規範が力を持ち、社会のスタンダードとして固定化されていく。例

えば、原発事故後に福島県内では「福島は危険である」という認知よりも「福島は安全である」という認知が優勢（ドミナント）となった。一方、同時期の熊本の自主避難者コミュニティでは「福島は安全である」というよりも「福島は危険である」という認識が優勢となった。すなわち各コミュニティの中で、多数派や強者の認知が、そのコミュニティの標準型となっていく。

　日本社会全体でも、国が原発を今後も活用すると決断するならば、国の立場としては、原発事故の負の影響はできるだけ小さく見せる必要がある。福島県も、県が生き延びるために「福島県は大丈夫」というイメージを促進する必要がある。そのため、多大な PR 予算を大手広告代理店につぎ込み、「原発事故後の問題は、実害ではなくて風評被害だ」「放射能の汚染はもう大丈夫」という認知を強化し、「実害や被害を訴えるべきではない」という規範を強化し、「実害や被害を訴える人は社会規範に違反する人（風評 "加害者"）[2] である」という新しい認識すら作られていく。教育現場でも、放射能の危険性よりも安全性や有効性に関する教育に力が入れられ、新しい世代が持つ知識も、力が強い人たちに都合の良い認識にそった知識が受け継がれていく。このように、認識や規範が力の強いステークホルダーの論理で固定化されてゆくことを「認識論的暴力」と呼ぶ研究者もいる（Brunner, 2021; 石原, 2022）。

4　原発事故後の紛争変容・平和構築の理論

　紛争解決学では、その対立・葛藤のメカニズムに応じて、そこに変化を起こし、正義や平和を実現していくための実践理論が研究されてきた。原発事故をめぐる対立や葛藤が、「傷ついた社会のメカニズム」「非対称コンフリクトのメカニズム」によるものであれば、それに変化をもたらしていく理論にはどのようなものがあるか。ここでは、「傷ついた社会のメカニズム」に対応する「修復的（restorative）変容モデル」と、「非対称コンフリクト」に対応するカール（Curle, 1970）による「非対称コンフリクト変容モデル」を紹介する。

（1）　修復的変容モデル（トラウマからの回復と修復的正義モデル）
ヨダーらは前記の「傷つきの連鎖サイクル」を脱却するために、「連鎖の脱

却モデル」を示した（図２の左側の白の矢印）。傷ついた人が他者を攻撃する
源泉には「正義のニーズ」があるとヨダーはいう。「正義のニーズ」は「この
ようなことは起こるべきではなかった」という怒りの思いだが、これ自体は、
ストレスやトラウマからの回復に必要な心理過程である。ヨダーは、傷つきの
連鎖から脱却するためには、怒りを他者や自分に向けて攻撃する代わりに、怒
りの感情やその奥にある悲しみを十分に感じて表現できる安全な場所を確保す
ることが、第一ステップであるといった。

　人は怒りや悲しみに向き合えると、心の余裕が出て、自分とは異なった認知
や規範を選択した人あるいは選択せざるを得なかった人たちの立場や背景に耳
を傾けられるようになる。その中で、自分も異なった認知や規範を選択した人
も同じ被害者（被災者）で「敵」ではないと思えるようになり、その被害（被
災）や分断の根本原因は何かと考える余裕が生まれる。例えば、避難をしな
かった人が避難をした人を責めるのではなく、避難をせずに苦労した自分も避
難を選択して苦労した相手も同じ被災者であると理解し、根本原因としての原
発事故や原発政策に意識を向ける余裕が出てくる。「敵」に見えていた他の被
災者と手を取り合い、二度と同じ悲しみの繰り返されない未来づくりに取り組
んでいく、というモデルである。

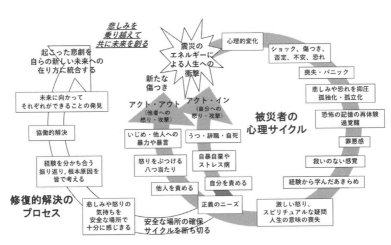

図２　傷つきの連鎖からの脱却モデル
出典：Yoder 2004、石原 2012 を筆者が改変

このモデルの最初の部分、感情を安全な場所で感じきるプロセスは、トラウマケアや心理的エンパワメントのプロセスである。モデルの後半、「敵」と思えていた対立する相手と対話し、それぞれの立場を理解し、被災と分断を造り出した原因の解決に共に向き合い、二度と悲しみが起こらない社会を共に目指すプロセスは、被害者加害者対話で知られる修復的正義のプロセスの一つの形といえる。修復的正義は、原発事故自体の加害被害をめぐる対話だけではなく、傷つけあってしまった住民同士が、傷つきや痛みの原因に向き合い、二度とそのような痛みのない未来づくりに共に取り組むプロセスに応用可能である。

（2）カールの非対称コンフリクト変容モデル

　カールは、ステークホルダーの力関係が非対称である場合の紛争変容のモデルを提案した（Curle, 1971）。ガルトゥングのいう構造的暴力と呼ばれる状態は、力関係が非対称な場合のコンフリクトの典型事例で、このモデルは構造的暴力からの脱却にも適応される。修復的正義も含め通常の紛争解決実践では、交渉やメディエーション等の対話による解決が想定されることが多いが、カールによれば、力関係が非対称な場合には、力関係の強い当事者は対話のテーブルに着こうとしないか、対話に応じたとしてもその対話の合意内容は力の弱い側の利益やニーズを抑圧したままのものになることが多い。そればかりか、力の弱い方の当事者は、力が強い当事者に対して対峙したり声をあげたりする権利があると思えず、それ以前に、弱い側は自分たちが被害を受けていることさえ気づかないようにさせられていることも多いという。

　カールは、力関係が非対称な場合の紛争変容のプロセスを、図3の矢印のように示した。ステップ1は、抑圧されている力の弱い方の当事者が、自分が抑圧されているあるいは被害を受けていることに気づき、声をあげる権利があると思えるようにエンパワーされていくことである。ステップ2で、抑圧されていた側が声をあげ始めると、力をもつ抑圧者側との間で対立が生じる。対立が生じて初めて、力の強い方も対話のテーブルに着かざるを得なくなり、平等な対話や交渉が行われる条件が整うことになる。ステップ3は、対話や交渉である。ステップ4は、交渉の結論を受け、暴力のない新しい社会構造や文化を構

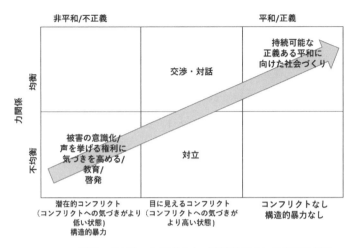

図3　非対称コンフリクト（構造的暴力）の変容モデル

出典：Curle（1971）を筆者が改変

築していく過程である。

　このモデルは理念型で、現実のプロセスは、図3のように直線的に進むことはない。現実には、抑圧されてきた側が被害を認識して対立する声をあげれば、力の強いステークホルダーはその対立を抑えこもうとし、被害を認知し得ないような対策を取り、最初の潜在的コンフリクトの方に押し戻そうとする。ステップ1からステップ2に進んでもステップ3に至らず、ステップ1に戻されるかもしれない。このように、この変容のプロセスは直線的には進まないかもしれないが、望むらくは、螺旋階段のように行きつ戻りつしながらも平和に向かって進捗するものであることが期待される。

5　原発事故から10年の取り組みを評価する

　上記で述べたモデルを基に、原発故事から10年の取り組みや原発事故をめぐる現況を考察したい。最初に、カールのモデルのステップ1、ステップ2を通じて力関係の差のある者同士に十分な対立が醸成されれば、次にステップ3の建設的な対話や交渉が可能になる。対話や交渉の方法はさまざまある（安

川・石原, 2014）が、傷ついた社会では特にヨダーのモデルにもある修復的対話（修復的正義）が力を発揮する。互いの痛みを分かち合い、二度とそのような悲劇が起こらないよう、誰かが誰かを抑圧する構造的暴力が起こらないように未来への合意形成を行う。ステップ4ではその合意に基づき、新しい社会の制度や文化を構築していく。このような視点で考えたとき、原発事故から10年余りで私たちは何をどこまで達成し、達成し得なかったのだろうか（Ishihara, 2023）[3]。

原発事故前の状況は、主に都市部に電気を供給する原子力発電が、経済的に貧しい地方に経済的受益と引き換えに立地され、関係者の力関係は不平等で、立地地域住民が日常的に反対の声をあげることはなかった。立地地域では、普段は原子力発電のプラスの面が強調され、危険なものを押し付けられていることを地域住民が意識する機会はなく、危険を心配しても経済的受益と引き換えに口をつぐまざるを得ない。目に見える被害があるわけではなく、対立は表面的には起こっていない、潜在的コンフリクト（図3の左下）の状態であった。

原発事故後に被災者や一般市民から怒りがあがり、原発事故反対運動が盛んになった。カールのプロセスのステップ1（問題に気付く）が、期せずして原発事故により起こり、ステップ2として被災者らの怒りの表現や原発反対運動などが起こった。以前は原発の危険性に関心がなかった人たちも、反原発運動のデモや署名などに参加した（田村, 2020）。

ステップ3の交渉や対話についてはどうか。原発事故後には、意見が異なる住民同士の対立と分断に取り組むべく、多くの住民間対話プロジェクトが生まれた[4]。東電や行政のトップとの対話を望んできたプログラムも多い。飯舘村の若手を中心とする「かすかだりの会」は、対立する住民同士の対話に取り組んだのち、村長を招いての対話プログラムを目指した。村長を対話の場に招くことはできなかったが、最後には「オープンフォーラム」という幅広い層の住民を招いての対話プログラムを行った。

いわき市の若手からはじまった「未来会議」は、地域内外の住民のみならず、東京電力の上層部や被災地の政策に深く関わる資源エネルギー庁の関係者などを招いて、対話活動を行ってきた。筆者の調査では、彼らの取り組みは、市民にとっては政策意思決定者と人間関係を形成して直接意見を伝える機会とな

り、また為政者側にとっては市民の率直な意見を聴取し国や東電の考えを市民のリーダーたちに直接伝える機会として機能していた。東電や行政の人たちとの対話では、心の触れ合いは醸成されたが、具体的な政策の話となると対話を通じた決定や変更はなかなか難しいという声が聴かれた。

　また東電と反原発運動の市民との直接交渉では、市民側からの批判的質問に対して東電が反論したり実効的な回答を拒否したりするというコミュニケーションが繰り返された。このコミュニケーションは、実行的な交渉よりは、カールのモデルでいうステップ2の対立表明あるいは監視として機能を持つ。

　一方近年、国は原発事故後の政策をめぐる「対話活動」に力をいれている[5]。筆者の参与観察では、これらは名称こそ「対話」だが、実態は「対話」からかけ離れているように見えた。主催者側が選んだゲスト同士の対話を市民が聴講するだけであったり、市民から質問を受け付けても主催者側が内容を見て選択的に表示したりしている。すべての意見を公平に尊重し、すべての立場のニーズを満たすよう合意形成をしていく対話の原点からは離れていた。

　このように原発事故後に「対話」「交渉」の名前をもつプログラムが多く繰り広げられたが、カールのモデルが描く構造的暴力から脱却するための実効的な対話や交渉は、十分には成功しなかったと筆者は評価する。それは、ステップ4のキャパシティ・ビルディングにも影響をしている。

　キャパシティ・ビルディングは、新しい未来に向かっての社会全体の能力開発である。過去の悲劇に向き合い、構造的暴力や文化的暴力がない社会に向けた法改革、産業育成、人材育成、知識形成などが期待される。法制度については、原子力発電の安全面での規制強化が行われた。しかし原発の活用継続を前提とした規制強化に対して「あれだけの大事故の悲劇から真に学んでいると言い難い」との批判もある。

　行政による産業育成や人材育成や知識形成の主な例としては、廃炉産業等を中心とするハイテク産業都市として原発事故の被災地域の再開発を行う「福島イノベーションコースト構想」などが挙げられる。人材育成と知識形成については、技術的な人材育成や研究開発を行う一方で、事故や放射能汚染に関する認識の醸成に力を入れている。国や福島県は、被災地の放射能汚染は実害ではなく風評であるという立場で、「風評被害」対策に力を入れ、風評払しょく

PRに莫大な予算をつぎ込んできた（野池，2016）。汚染の危険性を指摘する市民を「風評加害者」と名付け、復興への敵であるように位置付ける動きもあり[6]、これは巧妙な被害加害関係のすり替えである。

　行政に対して、民間によるキャパシティ・ビルディングも大切である。行政の原子力政策に批判的な立場の市民による知識形成や人材育成も行われているが、予算規模による違いなどで、行政によるキャパシティ・ビルディングが優勢である。

6　10年目からの原発事故をめぐる紛争変容・平和構築

　原発事故から12年の現在、上述のイノベーションコースト構想に象徴される復興政策の中で、構造的暴力が再強化されようとしているのを感じる。被災地域の経済や仕組みが、上記の国や産業界の考えに基づいて再整備されるほど、被災地域の人びとの生活がその経済や仕組みに依存せずには成立しなくなる。その中で矛盾を感じても、その経済や仕組みに異論を唱えることは難しくなっていく。この動向を踏まえ、原発事故をめぐるこれからの紛争変容・平和構築行動モデルを、第4節で論じた理論を参考に、以下のように提案する（Ishihara, 2023）。

（1）ステップ1：被害に関する調査と啓発／声をあげる権利に関する啓発

（ⅰ）測り続けること

　国の現在の考え方は、放射線汚染のレベルは原発直後よりは改善した今、「風評被害」が主な問題というもので、国や行政による放射能測定活動が減ってきている中、市民が測り続けることが重要になる。土壌汚染、空間線量、食料汚染、体内への蓄積、健康状態の測定が、被害の認知の基礎データとなる。

（ⅱ）情報開示請求

　被害の認知のためには、上記の物理的被害の調査のみならず、社会科学的調査も必須となる。情報コントロールや政策決定過程についての行政への情報開示請求は、原発事故の物理的被害を超えて、構造的暴力が強化される社会的被

害の認知のために重要となる。

（ⅲ）科学研究の成果の批判的検証
　科学論文の批判的検証を市民らが行い、原子力政策の根拠に用いられた科学研究成果の不正を監視していくことも効果的である[7]。

（ⅳ）情報普及活動
　上記で明らかになった情報の普及も重要である。マスメディアは、風評払拭の委託事業を受けている広告代理店の影響が強く、被害に関する発信をしにくい傾向がある。独立系のメディアやソーシャルメディア等の役割が重要になる。

（ⅴ）市民や被災者のエンパワメント
　被害を認知しても、声をあげてもよいと思えなければ、抑圧された側からの声があがることは望めない。調和を大切にする日本文化では、他者と異なった意見を表明することに心理的障壁を感じる人も多く、声をあげてよいと思える心理・社会的エンパワメントが必要である。筆者の調査では、ファシリテーター付きの対話プロジェクトに参加して、他人と意見が異なっていても声をあげても良いのだと思えるようになったという市民も少なからずいた。加えて対話プロジェクトでは、意見の異なる住民同士は敵ではなく、敵同士のように追い込まれることなった根本原因に共に取り組む大切さに気付いたという声も聞かれた。他に、心理・精神医学者で語ることや表現することへのエンパワメントをしている人たちもいる。

（2）ステップ２：対立を非暴力的に起こしていく
（ⅰ）裁判
　裁判は、権力を持つ相手に対する、最も公的な非暴力対立システムである。

（ⅱ）署名・座り込み・デモなど従来の非暴力社会運動
　署名・座り込み・デモなどは、古典的だが有効な非暴力社会運動で、現在のテクノロジーとあわせて、IT技術などを活かした署名なども活用されうる。

（ⅲ）アートによる表現や意見表明

　表現活動は、民主主義において最も重要な非暴力運動の一つである。言語的意見表明のみならず、アート（映像、文学、演劇、詩など）による表現は、複雑な状況の中で複雑な思いを表現するのに有効な手段となる。

（3）ステップ3：実効的かつ修復的な対話や交渉

　対話や交渉をする場面は、公式な合意形成を求める交渉から、非公式な場面での会話・対話まで多様に存在し得る。特に修復的対話では、互いの痛みや悲しみに耳を傾け、だれ一人取り残されることなく、二度と痛みや悲しみが起こらない未来のためにどのようにしていくべきかを話し合う。構造的暴力の解消のためには、両者の中間点を単純に取るような合意形成ではなく、構造的暴力の中で声が奪われている立場の声も含めてあらゆる立場の痛みに耳を傾け、二度とそのような悲劇が起こらない未来を目指す創造的なプロセスが望まれる。

（4）ステップ4：構造的・文化的暴力のない社会づくり

　一般的なキャパシティ・ビルディングは、法改革や行政改革、教育や人材育成、産業育成だが、原発事故を含む環境災害が私たちに突きつける課題は、人間中心主義を超え、生きとし生けるものと共に非暴力的に生きる未来である。従来の法や行政のあり方や、教育や人材育成、産業のあり方自体が問われている。自然を資源として使い、貨幣経済的に豊かになる社会ではなく、人間が生き物として自覚を取り戻し、多様ないのちの有機的なつながりの中でどのように存在することが許されるのかを真摯に考えるときがきている。

　筆者は、上記で提案したステップ1から4の先に、何か固定した行きつくべき社会の姿を提案したいわけではない。大事なことは、起こったことに向き合い、痛みから学び、小さな声にも耳を傾け、未来を市民が自分たちの手で創っていくことである。その結果、原発事故を経験した私たちが、どのような未来を選び取っていくのか。進むべき未来の姿は、市民に開かれている。

7 おわりに

　本章では触れることができなかったが、筆者は、非対称コンフリクト変容と修復的対話の理論が統合された実践プログラムとして、水俣と福島の交流プログラムを行ってきた（石原，2016）。原発事故と極めて似た構造の構造的暴力の中で地域の分断を経験し、その中から修復的正義の精神を実現するリーダーたちが生まれてきた水俣に福島の若手・中堅リーダーを招待し、交流するプログラムであった。水俣の歴史に触れると、それを鏡に、福島がおかれた状況や構造に気付くことがある。多様な立場で水俣の歴史を生き抜いてきた人と出会い、これからの福島を生き抜く道筋に出会う。自ら調べること、抵抗すること、語ること、裁判すること、赦すこと、自らの責任を問うこと、権力者に個として対峙すること、多様なアプローチがあることに気付く。水俣と福島の対話は、過去との未来の対話であった。交流の当初には、福島の人たちが水俣に来て励まされることが多かったが、関係性が深まると、過去に癒されぬ傷をもつ水俣の人たちが福島の人たちとの出会いで救われていくことも増えていった。

　水俣と福島は極めて通じやすい経験をもつ地域かもしれないが、本章で論じたような性質をもつ問題を経験している地域やコミュニティは、沖縄、大川（宮城県石巻市）、アイヌ、他の薬害や公害の被災者たちなど、多くある。チェルノブイリやハンフォードなどのように、海外の核汚染被災地もある。共通した構造をもつ問題を経験している地域の人びとが励ましあい、本章で述べたような紛争変容・平和構築のプロセスを歩んでいけるつながりを模索する平和構築実践の途上である。

＊追記：本章は、科研費 24616007（2012-2015 年）、科研費 15K11932（2015-2022 年）、科研費 19H04356（2019-2024 年）の成果の一部を用いています。

注

1) 本章第 2 から 4 節の一部は石原（2012）の一部に加筆・修正を加えた。
2) 「風評」という言葉には実際の安全性あるいは危険性以上の間違った悪い評判という含意があり、「被害」という言葉はその悪い評判を流布する加害者がいることを想定させる。2021 年の環境省主催の対話フォーラム「福島、その先の環境へ」では、登壇者である開

沼博氏によって「風評加害者」という言葉が使われた。

3）本章第5、6節の詳細は、Ishihara (2023) を参照のこと

4）筆者は、本章で触れる「かすかだりの会」「未来会議」や東京電力と反原発住民の直接
交渉について、2012年から2019年にかけて、参与観察調査やリーダーたちへのインタ
ヴュー調査を行ってきた。

5）環境省は対話フォーラム「福島、その先の環境へ」を2021年5月21日より全国各地で
継続的に開催してきている。

6）2）を参照のこと。

7）例えば、黒川眞一・島明美（2019）「住民に背を向けたガラスバッジ論文——7つの倫理
違反で住民を裏切る論文は政策の根拠となり得ない」『科学』89(2), 152など。

参考文献

石原明子（2016）「福島と水俣の交流を通じて」『福音宣教』2016年4月号。

石原明子（2022）「加害者とは誰か？——水俣病や福島をめぐる加害構造論試論」『現代思想』50(9)、青土社：pp.193‐206。

石原明子・岩淵泰・広水乃生（2012）「震災対応と復興にかかる紛争解決学からの提言」高橋隆雄編『将来世代学の構想——幸福概念の再検討を軸として』九州大学出版会。

田村あずみ（2020）『不安の時代の抵抗論——厄災後の社会を生きる想像力』花伝社。

安川文朗・石原明子編（2014）『現代社会と紛争解決学——学際的理論とその応用』ナカニシヤ書店（特に第1章、第3章）。

Brunner, C. (2021) "Conceptualizing Epistemic Violence: an Interdisciplinary Assemblage for IR", *International Politics Reviews*, 9, pp.193–212.

Curle, A. (1971) *Making Peace*, Tavistock Publications Ltd.

Galtung, J. (1969) "Violence, Peace, and Peace Research," *Journal of Peace Research*, 6(3), pp.167-191.

Ishihara, A. (2023) "Strategic Just-Peacebuilding and Citizen Activities after the Fukushima Daiichi Nuclear Power Plant Accident," in Novikova, N., J.Gerster,and M. G. Hartwig (eds.), *Japan's Triple Disaster*, Routledge, pp.151-168.

Lederach, J.P. (2015) *The Little Book of Conflict Transformation: Clear Articulation Of The Guiding Principles By A Pioneer In The Field*, Goodbooks.

Yoder, C. (2005) *The Little Book of Trauma Healing: When Violence Striked and Community Security is Threatened*, Goodbooks.

第11章
「風評」に抗う
―測る、発信する、たたかう人びと―

平井　朗

1　はじめに

　3.11 以降、筆者は福島を中心とする原発事故被災地を訪ねてきたが、2013年3月の時点で既に被害者の中での深刻な分断に直面し、それが家族や親族の崩壊まで招く軋轢を生んでいる現実について、主にコミュニケーションの視点から考えるようになった。

　当初は、強制的避難区域外からのいわゆる「自主避難者」と避難しなかった／できなかった「滞在者」の間、また「滞在者」の中での放射能に対する意識の格差、特に食品や学校の環境をめぐっての分断が目立っていた。しかし、避難指示解除、避難区域の再編が進み、帰還しない避難者が自主避難者とされて住宅支援も打ち切られるに至って、被害者の中の線引きがより深刻な分断をつくり出している。

　被害者内での分断から、被害者を自己責任として切り捨てる行政による分断という事態が起きた。被害者の中の意識の格差も軋轢の暴力を生んだが、さらに行政による棄民ともいえる暴力が被害者を直撃している。しかも、除染が終わった場所は安全で、帰らない人びとは「自己責任」だから支援は終わって当然という建前のなか、放射能汚染を心配し口にすること自体が「風評」をつくるものとして憚られる、風評加害者として非難される状況となっている。

　福島県は2015年度に風評・風化対策監を設置、復興庁も2016年度に福島県風評・風化対策強化戦略を策定した。「風化対策」という名に反してモニタリングポスト廃止や子どもの甲状腺検査を中止しようという動き、それに連動して「復興を着実に進め、さらに加速させるため」という風評対策戦略は、住民

の安全や健康を無視し、むしろ原発事故を終わったこと、なかったことにするものかと懸念されよう。

　一方、被災地の住民の中に安全と健康を疑い、放射性物質の事実を測定・記録し、いま本当に起こっていることを明らかにしようと活動を続ける「モニタリング三爺」（通称モニ爺）と呼ばれる人びとがいる。今回はこの人びとのうち、相馬郡飯舘村の伊藤延由さん、南相馬市小高区の白髭幸雄さんによる、なかったことにされようとしている原発事故、口にすること自体が風評とされる放射能汚染に真正面から取り組み続ける活動を中心に考察する。

　一方、行政の主導する風評対策やリスコミ（リスクコミュニケーション）に抗う被害の当事者を主人公として、暴力克服をめざす平和学の方法によって、原発事故被災地の現状を見つめ直す作業を試みる。原発事故は、企業や行政の不作為・無責任、安全風説の流布など、産業公害事件と同様の開発主義と結びついた構造をもつ（第2章4節参照）。

　本章の第一の目的は、「モニ爺」たちの活動を通して、原発事故を無かったことにし、放射能汚染による被害を無いものとする動き、構造への抵抗を明らかにすること、さらに国や県の言う「復興」への向き合い方、放射能汚染が克服できない中での暴力克服とは何なのかを考察するものである。

2　「風評」言説に抗って

（1）放射能が見えてくる——飯舘村を測り続ける伊藤延由さん[1]
（ⅰ）経緯

　1962年から新潟鐵工所のコンピュータ部門で働いてきた伊藤さんは、その後もずっとソフトウェア業界の仕事をしていたが、2009年秋に当時所属していた会社が飯舘村に農業研修所を作ることになり、「いいたてふぁーむ」の管理人として住み込みで働き始めた。7人の孫たちに綺麗な米を食べさせるために農業を始めたいと考えていたので、住み込みで給料（1年目は15万円、2年目から20万円）も出る仕事は渡りに舟だと思った。

　初めての農業体験であったが、多くは既に離農していた近所の高齢者たちがアドバイスや手伝いをしてくれたおかげで豊作。2.2 haだった田んぼを2011

年からは6haに拡げ、従業員も4人に増やして、籾を購入し浸水を開始しようと準備していた時に3.11がきた。

ふぁーむの建物にはほとんど被害はなかったが、停電のため13日の夕方に電気が回復してテレビが点くまで情報は何もなかった。テレビを通して原発事故のことを知ったが、村からは何の情報も無かった。

後になって、12日夜に12号線が大渋滞したことや、村に1200人もの人が避難してきていたことを知ったが、14日までは何も知らなかった。その後、ふぁーむでの避難民受け入れを申し出たり、毛布などを避難所の飯樋小学校に運んだり（15、16日）していたが、15日夕方に村で44.7μSvが観測されたことなどもちろん何も知らなかった。30km圏内屋内退避といっても飯舘村は圏外だし、そもそも避難民を受け入れていたので、何も危険とは感じていなかった。娘さんが逃げろと言ってきたので23日に一度出身地の新潟に行ったが、27にまた飯舘に戻った。何も知らなかったからだ。

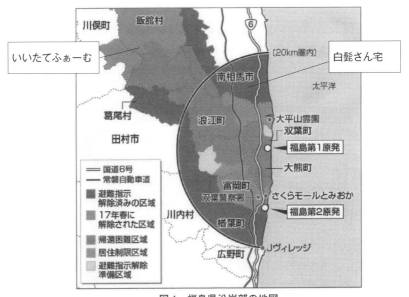

図1　福島県沿岸部の地図

出所：時事通信社記事「復興の道を探る」（2023年10月25日閲覧）での「福島県沿岸部の国道6号」地図を引用のうえ筆者加筆にて作成。

伊藤さん自身が放射能汚染の危険を認識し始めたのは1ヶ月後ほどからである。4月11日に国から作付け制限の指示。4月14日に村による計画的避難区域説明会。4月21日に簡易水道で965 Bqのヨウ素が検出され、村はペットボトルの水を配布、同日山下俊一氏は福島市で安全宣言。

　一方で、3月28〜29日に京大原子炉実験所（2018年、複合原子力科学研究所に名称変更）の今中哲二助教ら一行が来村した。その当時はまだ村から調査を依頼され便宜供与を受けていたのだ。長泥十字路で30 μSvを計測して菅野村長（当時）に報告し「公表してはならない」と言われたが、2日後に京大原子炉実験所のウェブサイトに掲載し、村長との関係が悪化した。4月21日にはチェルノブイリ被災者支援に携わって以来、放射線の遺伝的影響を研究する振津かつみ医師がいいたてふぁーむに泊まり、22日に村民25人を集めて放射能汚染の勉強会を開催。1 μSvを超えて線量計のアラームが鳴り続けるとんでもない汚染が分かってどうすべきかを話し合った。

　その後、今中氏の調査グループが再度来村したとき、村からの便宜供与が突然中止されたため、ふぁーむに宿泊。それ以来、ふぁーむが飯舘村の放射能測定の拠点となっていった。今中氏は線量の数字だけで単純に逃げろとは言わなかったが、伊藤さんはその仕事を傍で見ながら、自分も大好きな山菜汚染の実態を見たいと考えるようになった。

　どうやって測るのか？　2012年暮れ頃から、今中氏らがその方法を伊藤さんに教えた。また、共同実験していた会社が測定に協力してくれたほか、二本松市の放射能アドバイザーに就任していた木村真三氏がNaIシンチレーション検出器を貸してくれたので、これで測り続けるようになった。

（ⅱ）なぜ被ばく覚悟で村に留まり、放射線を測り続けているのか？

　伊藤は「理由は、一つに国が本当の情報を発信しないから。一つに国が放射能について安全の宣伝に終始するから。もう一つは大好きな山菜や茸などがいつになったら食べられるのかを知るためです」（伊藤，2019: p.29）と述べる。

　「素人でもリスクがゼロでないことは分かる。閾値はない。年間5 mSvで白血病になった人もいる。だから可能な限り被ばくは避けるべきだ。特に感受性の高い子どもは。そのためには自分で調べて勉強するしかない。政府、行政は

被ばくのリスクを一切語らずに学校を再開し、子どもに裸足で田植えをさせる。そのリスクを回避させてやるのは大人の責任だ。それを実態として測るのはここでしかできない。そして事実——ある時間だけの被ばくと、24時間365日、360度からの被ばくとの違い。ずっと高いところで生きてきた人々と、そうでない人々との違い——を示していくことを考えた」と言う。

　半減期30年のCs137と違って半減期2年のCs134は、今測っておかないと測れなくなる。伊藤さんの今までの計測の経験からは、放射性物質は非常に不均一で、汚染マップで表せないくらい不均一な降下をしていることが分かっている。したがって「できるだけ多くのポイントで測らないと実態が分からない。汚染の循環が収まらないので測るしかないし、測ったもの以外は安全かどうか分からない。だから、車を運転できる限りは測り続けたい」と彼は考えている。

　村には畑や田んぼの中でも除染してない場所（畔、法面）はたくさんあり、土中の放射性物質の移行率が高い作物（豆類、イモ類）がある。全量検査できないから売れなくて農民が困るというが、伊藤さんは「それが原発事故。安全を担保できない限り安全宣言はできない」と言う。

（ⅲ）発信と抵抗、風評
　測り続けてきたデータや調査研究の結果をどうしているのか？　今まで伊藤さんは、パワーポイントなどにまとめ、折に触れてさまざまな場所で講演、またTwitter、FacebookなどのSNSを通じて発信するような活動を行ってきた。
　しかし、調査研究に助成金を出してもらっている高木仁三郎市民科学基金との面接で、それらに加えてブログ、ホームページなどによる、まとまった形での発信を提案された。実際、データブックのようなものを作っても、その時点から内容がどんどん劣化してしまうので、やはりホームページにして日々更新するのが良いかと思案中。
　とはいえ、測った検体、データの量が非常に多い。特にゲルマニウム検出器で測ったものがたまっていて、データ処理が間に合わないのが、困っていることである。
　伊藤さんが測り続ける中で分かったことは、「野菜は一般的にはベクレル（Bq）は少ないがゼロではない。風評、風評というが実害だ。実際に放射性物

質は入っている。実害が無くなれば風評は消えるが、実害は無くならない。政府が定めた現在の一般食品中のセシウム基準値は1kgあたり100Bqだが、長野で買った岩手産原木に黒姫で植えた椎茸を乾燥させたものから300Bqが出た。実害だ。それが出るのが原発事故だ」ということ。修復不可能な被害を与えるのが原発事故なので、100Bq以下の食品を忌避するのは非国民のように言うのはおかしく、そこで生活する限り被ばくは続くので国が疫学調査をすべきだと伊藤さんは言う。しかし子どもの甲状腺ガンの疫学調査もされずに、県の健康調査も止めようという動きがあった[2]。

　彼は調べた結果をしばしば村に伝えてきたが、とり合ってくれないという。放射能の測定だけでなく、2012年の4〜5月には帰村に関する村民意向調査（帰村しない49%、1mSv以下になれば帰村21.6%など）を行い、役場や議会に提出したが無視された。その後もさまざまな請願を提出しているが、なかなか取り上げられないという。かつて菅野村長（当時）は「戻る人も戻らない人にも寄り添う」と言っていたが、その後「戻らない人は自主避難者なので村は面倒をみない」と言うようになった。戻らない村民は切り捨てて、『までいな暮らしへの誘い』と新しい移住者を積極的に呼び込んでいる。

　国や県は、測ること自体が「風評」という姿勢である。

（ⅳ）裁判の闘い

　伊藤さんは2017年8月25日に、いいたてふぁーむでの就労補償が4年（東電による給与所得者の補償基準。農林業は9年補償）経ったとして打ち切られたことに対して、給料を補償せよとの裁判を起こした。2ヶ月に1回の公判の中で東電は就活しない本人の自己責任と言ってきたが、他の仕事では替え難い特別な仕事で、死ぬまで働く契約だったことを盾に訴えた。

　自分の権利が侵されていること、この件が突破できれば一緒に働いてきた仲間も助けられるのが闘う理由だという。原発事故で侵害された権利は回復、復旧されるべきで、それを、加害者（東電）が基準を決めて押し付けてくるのはおかしいと考えている。副社長が飯舘村に来た時には人災と認めていたが、そもそも東電は自らを加害者と思っているのか。弁護団が引き受けてくれたのも「加害者が補償を勝手に決めることはおかしい。就労補償の打ち切りは人権問

題だ」というところにあるという。

　一度かなった減農薬農業の夢が全面的に壊されたことへの慰謝料請求なども視野にあるが、その前に補償がされてないことへの権利回復が伊藤さんの闘いであった。

　この「原子力損害の賠償に基づく損害賠償請求事件」の裁判は 2019 年 10 月 31 日に敗訴。就労補償の継続が認められなかった判決を逆転するのは難しいと判断、上告費用が無かったこともあり、彼は控訴を断念した。

　しかし、飯舘村の村民約 3000 人が原子力損害賠償紛争解決センター（原発 ADR）に和解手続きを打ち切られたことから、彼を含む村民 31 人が 2021 年 3 月 5 日、国と東電に 1 人 650 万円の支払いを求める「謝れ！償え！かえせふるさと飯舘村」損害賠償請求訴訟を起こした。原子力損害賠償審査会（原賠審）が被害者の意見を訊かない中、ふるさと喪失と高い初期被ばくに争点を絞り、国と東電の責任を追及している。

（ⅴ）これから

　今中哲二氏に始まる、測る「輪」の拡がり。伊藤さんは、さまざまな人びととの情報のやり取りから飯舘村の汚染は破格のものだと分かった。エアサンプラーによる空気中微粒子、山菜や茸の他地域との比較の拡がりから学ぶことも増えた。

　彼と同じく測定を続ける南相馬の白髭幸雄さんや三春町のモニ爺の測定結果などとも集約し、データベース化したいと考えているが容易ではない。難しいが、データ共有は進めている。地域的偏在と広がりを明らかにするには必要だと考えるからだ。これらは本来国などがやるべきことだが、やらないのだから自分らがやるしかないと。

　伊藤さんがやっていることを突き詰めていくと、放射性物質をまき散らした原発は悪だとなるのだが、飯舘村議会で放射性降下物を毒だと言っているのは佐藤八郎議員などごく少数であり、国は何も明らかにしようとしていない。

　測り続けた中で空間線量率は下がった。Cs134 は 16 分の 1 に減った。しかし、山菜や茸は測る度に違う。空間線量率とモノの放射線量の関係がますます分からなくなったのだという。

決定的なことは国も分からないのだという伊藤さんは「世界は3Dで360度なので線量は『距離の二乗に反比例』しないし、モニタリングポストはその場所の線量を代表していない。そんな国の言う基準は現状に合わず、実態を矮小化しているのに、避難指示を解除して子どもも住んで良いのか？」と批判。もっとも国は「直ちに被害が出ない」から帰還を進めているが。

　全村避難後に、新飯舘村を作って村ごと移住する案には対馬など各地から受け入れオファーがあったが、村は除染帰村一点張りで無視。セシウム137の放射線量は半減するのに30年、元通りになるには300年かかる。しかし、元原子力規制委員長の田中俊一氏が復興アドバイザーとして飯舘村に住むようになり、村が摂取制限を要請している山菜・キノコを食べると喧伝された。それでは、伊藤さんが村民の安全のために測っていること、やっていることが通じない。

　仮設住宅の集会所があった時は、村民に直接伝える機会があったが、それがなくなった今、伊藤さんの活動やその成果が村の広報紙に載る機会もない。測るだけ、記録を残すだけではダメで危険を訴えないと、と村内の一つの行政区の集まりで山菜の脱セシウムの話をしたことはあるが、広く伝えるメディアがない。各地の反原発運動との連帯はあっても、反原発や反核運動は高齢者が多く、一番影響を受ける若い人たちに伝える機会が少ないともいう。

　村が始めた『までいな暮らしへの誘い』は、帰村者を諦めて村を移住者で賄うという一種の貧困ビジネスで、帰ってきていない7割の人びとの生活の担保こそが村の責務ではないかと伊藤さんは考えるが、菅野村長（当時）には届かない。

　村長は帰還率を上げて飯舘村を復興の広告塔にしようとしてきた。しかし、今の汚染の中で帰還しても、自然の恵みに依拠した本来の暮らし、循環型の多様な農業のような元通りの暮らしの復旧は不可能である。

　戻った人の安全な生活と、戻らない人びとの生活（事故が無ければ不要だった家賃などの費用）を共に補償することが重要で、菅野村長も以前はソフトランディングを言っていたが、2017年2月10日の村長懇談会でそれを否定した。帰ってこない村民は切り捨てて、移住者頼みへの転換で村の存続を図るという方針なのである。

2020年10月、菅野村長の任期満了に伴う村長選は無投票で元役場職員の杉岡誠氏が初当選を果たした。大学院で原子核物理学を研究した新村長だが、村の放射線環境の情報公開や、自生する山菜・キノコの放射線リスクの伝達は行われておらず、帰還・復興の原発国策に反することはできないように見うけられる。

　とはいえ、伊藤さんが指摘してきた腐葉土や灰の危険性が村の広報誌に掲載され、田中俊一氏と村との関係も見直しが行われている。

（2）いつまでも、際限のない汚染──白髭幸雄さん [3)]

（ⅰ）経緯

　京都府福知山市生まれ。大学入学を機に上京し、清掃会社で働いていた時に福島第一原子力発電所内の事業所に異動となり、1980年に小高にやってきた。業務は原発内の除染が主。35歳で結婚、37歳の時に現住所（原発から17km、南相馬市小高区）に家を建てた。

　仕事は放射線管理補助（現場放管補助）。モニタリング、データまとめ、注意事項などのまとめを長くやった。被ばく管理、まとめ集計し、労働基準監督署へ報告する。以下は3.11直後の白髭さんの体験のまとめである。

　3.11の時は資材在庫管理のため倉庫にいた。大変な揺れで構内の電線が切れるかと思った。たくさん出ていた作業員が下から歩いて上がってきたので集めて点呼、揃った方面から送迎車を出したが、帰路につく作業員が集中して出るのに2時間近くかかった。しかし津波が来たことは知らなかった。

　白髭さんは車で出た。6号線が通れないので山の方へ向かったがそちらも道路が崩壊していたり橋もずれていて通るのも大変で、普段なら30分程度のところを2時間かけて帰宅した。そのとき自宅には電気が来ていたので津波をテレビで見た。

　12日に街の様子を見に行ったら、6号線はところどころ冠水して通れず、一面泥の海と瓦礫だった。双葉町の仲間から逃げる相談の電話あり。家族4人で白髭さん宅にやってきた。その日の夕方、テレビで1号機の水素爆発を見た。小高にも避難指示が出たので中学校に避難していた。仲間は原町へ移動し、さらに新潟県三条市へバスで行った。

白髭さんは家族にお年寄り、障がい者がいたので逃げなかった。区長が逃げろと言ってきたが電気はあったし水も地下水だったので、しばらくは、自己責任で自宅に留まっていた。

　14日に3号機爆発をテレビで見てショックを受けた。人間の科学文明の驕りがこれを招いたのだと強く感じた。そして、知人を頼って原町へ避難し1週間ほど滞在した。3月17日にお年寄りの薬が切れて南相馬総合病院に行ったときに風除室でスクリーニングを受けた。屋外では5μSvくらい、室内のバックグラウンド3000〜5000cpm（事故前だと重汚染区域でタイベックス、全面マスク着用エリア）だったので、これは大変なことになったと思った。

　その後、妻の叔母夫婦が千葉にいたので、3月22日に猫もつれてそちらへ移動した。途中船引でスクリーニングを受けたが、その時の体表面汚染は500〜1000cpmくらいであった。移動中会社から職場復帰の命令があり、家族を千葉において26日に単身で福島へ戻り、いわき市にある会社事務所の2階に入った。

　その後、Jビレッジに配置され、身体除染班に2週間ほどいた。4月初め頃から1Fの免震重要棟に配属された。三重ドアで厳重管理し、送風機とフィルターで空気を循環させ濃度を下げている。1F構内で唯一全面マスクを外して食事をし休める場所だが、それでも室内で10μSvあった。

　4月末に1、2号機の開閉所の壁の解体工事現場で、線量管理を行った。高いところで2mSv、瓦礫が集積しているところでは25mSvあった。サーベイして働ける時間を決めた。5月連休に千葉に戻り、四街道市で借り上げ住宅に転居。5月20日頃復帰し、1号機のカバリング工事のJVに配属され半年いた。自分が原発に40年もいたのに放射線のことを何も知らないと痛感して必死で勉強した。

　その後2Fを経て、モデル除染や1F・生コン組合など様々な場所で、作業員の被ばく管理・現場の汚染管理やモニタリングなどを行った。現在は、職場からはリタイヤしているが、家族のいる千葉と小高の自宅を行き来しながら、放射線の環境測定を継続している。

（ⅱ）なぜ測るのか？

緊急時の国の体表面汚染のスクリーニング基準は 40 Bq/cm^2（GM 管サーベイメータで 13000cpm 相当）だが、これは高過ぎる。原発内で言えば A、B、C の上の D 区域（重汚染）に相当。原発内なら二重に防護する。事故後のゼネコンの基準はその半分以下だった。このような国のやり方は許せない、最大の問題である。健康影響の実験かとすら思えると白髭さんは言う。

その中で彼は NPO 法人チェルノブイリ救援・中部との出会いから、測定活動に参加するようになった。1 周年行事が原町であった時に、講師で来た木村真三氏に会った。二本松とのつながりができた。木村氏とのつながりで市民科学者国際会議の集まりに参加し、今では師匠と呼ぶ伊藤延由氏とつながった。伊藤さんにいいたてファームに案内されて今中哲二氏とつながった。水俣病のことを学んで岡山大学の津田敏秀氏（疫学）に出会い、津田氏の出た討論会で OurPlanet-TV の白石草氏に出会った。このように出会いが出会いを呼んで、つながりが広がっていった。

ある日、今中氏から余っている測定器が数台あると聞き、手をあげて 2017 年 11 月に設置した。使い方からあれこれ習い、2018 年 1 月から測れるようになり、測り続けている。

65 歳で退職し、2022 年 3 月まで双葉町の困難区域にある（1F に生コンを送るための）生コン工場で、放射線管理、被ばく管理の仕事をしていた。一方、2012 年から毎年 2 回モニタリングをしている南相馬の測定センターの活動に参加している。空間線量を測ってマップを作っているが、途中から土壌も測定するようになった。

白髭さんを突き動かしているのは、40 Bq/cm^2 スクリーニング基準への怒り。そして原発からの距離だけで判断して汚染は無視している避難指示解除の基準などへの疑問である。今まで何十年も彼がやってきた汚染管理の常識を無視していることが許せないのだという。

師匠の伊藤さんは山菜や茸など食べられるもの中心に測っているのに対し、白髭さんは、拭き取りの汚染測定などを行っている。仏壇を拭いたら 0.2 m^2 で 3000 Bq 出た。床下の小動物の糞。テンの糞は 800 Bq/5g、ネズミの糞では万単位の Bq が出たこともある。近所の公共工事で除染客土を運搬するダンプ

が自宅の傍を通るが、縁石に溜まる土砂は 1000 Bq。

　拭き取りにこだわるのは、自身が長年原発でやってきたから、スミアろ紙にこすりつけて測るのが習い性になっているからである。小高に住んでいる以上、確かめざるを得ない。ちょっとした汚染でも集めれば大変高くなることもある。家の中も図面を起こして、隅から隅まで測り続けている。現在の測定の中心は、①拭き取りで汚染を調べる、②地域の汚染マップのために測定する、③特定の山菜などを測ることである。

（ⅲ）発信、異論、反論
　地域で測るものの例としては、新地〜小高までの 6 号線の縁石の砂である。また小高の小学校が再開されるので、ホットスポットを発見し、情報をまとめて発信することが重要であり、側溝や農地の土も測らねばならないという。河川はどうするのか。南相馬測定センターでは毎日 2 〜 3 人のボランティアで行ってはいるが、測定方法を確立する必要があると白髭さんは言う。

　かつて彼は地域協議会を 4 年やった。そこで、①測定所設置とその図面も出して人のスクリーニングも汚染物測定もできる場所を提言、②公共の除染施設を作ることを提言、③放射線管理課、統括課を役所に作ることを提言してきたが無反応。関係のある議員に訴えたが「放射能の話をしたら議会で除け者にされる」と及び腰で「騒ぐな」「風評だ」と。事故直後でも、あるビルを測っていたらオーナーから「風評」と言われた。「気にするな」ということなのか、彼は矛盾を感じている。ピラミッドからはみ出せない環境なのか。一方、近くでも復興拠点建設などで生コン業界は大儲けだ。モニタリングに来た環境省やゼネコンの担当者に白髭さんは「（マニュアル通りじゃなく）ちゃんと除染しろ」と言った。

　いま彼は「子ども被災者支援法」を実効あるものにしたいと考えている。さまざまな人のブログ、Twitter、Facebook などに反応すると異論、反論もくる。しかし、分断でなくアウフヘーベンへ至る対話が大事だと考えている。

　白髭さん自身の発信は Facebook が中心で Twitter も多少発信している。仏壇の拭き取りツイートはかなりのリツイートがあった。測定所の活動として、名古屋に行って話したこともある。福島第一原発事故関連の公的委員会で委員

などを務め、反原発運動を批判する開沼博氏、伊達市の市民被ばく線量データによる共著論文を研究倫理指針違反などから取り下げた早野龍五氏、また早野氏とホールボディカウンターの共著論文のある坪倉正治氏らのように、「科学」と称して原発の「安全」を説く人たちが福島民友に出る度に抗議もする。

　一方、近所の双葉屋旅館には、伊藤延由氏をはじめさまざまな人がやってきてトークをしたりするので、白髭さんは飲みに行って話し込んだりもする。意見が対立しても同じ方向性を見出したいのだ。仕事を退職し、二拠点生活は金銭的にも厳しいので、小高の自宅は知人に売却する考えだが、測定はその家で続けるという。10年分のまとまりが出てきたら発信方法も考えようとしている。

3　平和学的分析

　ここまで見てきたように、福島を中心とする原発事故被災地においては早い時期から「風評」という言葉が使われ、人びとが分断され、コミュニケーションが暴力と化し、被害者が沈黙を強いられてきた。しかし、そのアクターは大変多く、しかもここの被害者とは非対称な国家、自治体、巨大企業といった大組織が複雑に絡み合っており、そこに暴力克服の課題といっても、全体の構造や因果関係を見通すことは容易ではない。

　苦しむ被害住民の視点からこの構図を洗い直すことが必要だが、被害者とは立場の異なる筆者がその視点に少しでも近づくために、筆者が度々行ってきたのがエクスポージャーという方法だ。被害者を関心の中心におくことから、「平和学する」ことが始まる。

(1) エクスポージャーの5STEPs

　フィリピンの教会組織などで行われてきたエクスポージャーを平和学の方法、分析手法として確立した横山正樹（横山，2006）から簡単に抜粋紹介する。

　（ⅰ）［暴力］STEP 1は暴力とその被害者の発見から始まる。加害者の存在する直接的暴力とそれが不在の構造的暴力という暴力類型に分け、どのような要素が作用しているのか、現場の把握を試みる。

（ⅱ）［自力更生］STEP 2 は暴力克服に立ち上がる被害者たちの自力更生努力に着目することだ。暴力を受けた時、人びとはまず被害の回避や限定化を図る。どんな自力更生方法が選択され実践されているか、その実状をここで明らかにすべく試みる。

（ⅲ）［阻害要因］STEP 3 は自力更生を阻害する要因の解明となる。自力更生がすぐ功を奏して問題解決となれば良い。だが内外の阻害要因により通常なかなか事態は好転しない。だから自力更生が順調に進まない理由や原因を踏み込んで調べる必要がある。

（ⅳ）［連帯］STEP 4 として着目すべきが、暴力を受けた当事者と立場の違う外部者たちとの連帯・連携だ。外部からの介入により現場の力関係が変化し、地域・全国・国際レベルの対応がそれなりの効果をもたらすことも多い。

（ⅴ）［関与］STEP 5　最後に問われるのが、自分自身との関係理解と問題への関与だ。これまでの 4 ステップは、問題への接近を試みる本人がいったい何者かを問われなくても可能だ。だが掘り下げるに従い、誰もが実は問題の一部であり、他人事は許されないと分かってくる。だから解決も自分たちの課題に他ならない。

　この 5 STEPs の手法によって、立場の違いを越え、私たちは暴力を克服して平和を作り出す協働者（パートナー）となり得る。他人事でなく自分事として、自分自身の立ち位置も洗い直し、自分が変わり、自他の関係性、暴力の構造を変え得る。それがエクスポージャーである。

（2）5 STEPs による事例の分析

　この事例にはもっと多くの暴力やさまざまな要素が含まれるが、ここでは本章で触れた事例の中に含まれたものだけを取り上げて分析していく。

（ⅰ）［暴力］まず暴力のあり方を見ていく

　（ⅰ−1）44.7 μSv のような強力な汚染が隠され、被ばくさせられた。

　（ⅰ−2）国のスクリーニング基準が高過ぎて、避難者が危険にさらされた。

（ⅰ-3）行政が汚染の実態よりも、原発への距離を中心に避難指示解除
　　　　など区域の管理を行い、住民の中で無用の被ばくや格差を生ん
　　　　だ。

（ⅰ-4）同じ被害者が、本人に責の無い理由で分けられて不合理な格差
　　　　を押しつけられている。

（ⅰ-5）そのために、被害者が自身の選択を正当化しようと、放射能リ
　　　　スクへの意識の格差が生じ、被害者同士がさらに分断され、コ
　　　　ミュニケーションが暴力となっている。

（ⅰ-6）放射性降下物が降ったことは事実なのに、「住民参加」のリスク
　　　　コミュニケーションによって安全言説を押しつけられ、さらに
　　　　被害者内の分断が深化し、コミュニケーションの暴力が強まる。

（ⅰ-7）SNS監視分析、インフルエンサー利用などを含む巨大メディア
　　　　ミックス戦略によって、世論や社会、人びとの自由意思が操作
　　　　される。

（ⅰ-8）それらのコミュニケーションの暴力によって、被ばく防護の機
　　　　会を失う人びとがいる。

（ⅰ-9）「風評被害対策」「風評払拭」の名の下で、放射能への不安を口
　　　　にする被害者が復興を邪魔するもの、風評、非国民と見なされ、
　　　　実害があっても風評としてなかったことにされる。

（ⅰ-10）山菜や茸のような安全安心な自然の恵みが食べられなくなった。

（ⅰ-11）自然の循環に基づく農業ができなくなった。

（ⅰ-12）生業が奪われた。

（ⅰ-13）長年暮らした故郷に住めなくなった。

（ⅰ-14）故郷、自然の生活、生業を奪われたために余計なカネがかかる
　　　　ようになった。

（ⅰ-15）加害者（東電）が補償を決定する構造があり、勝手に値切られ
　　　　たり、打ち切られたりする。

（ⅱ）［自力更生］

（ⅱ-1）食料を測って、少しでも安全に近いものを発見、確認する。

（ⅱ-2）環境を測って、少しでも安全に近い場所を発見、確認する。

（ii－3）そこで何が起こっているのか、国家や行政が隠している汚染の実態を把握し、記録し、広く伝え、残していく。

（ii－4）測定や調査で分かったことや政策提言を村や議会に伝える、請願する。

（ii－5）子どもや若者には未だ危険と判断すれば帰還しない。

（ii－6）補償を求めて裁判を起こす。

（iii）〔阻害要因〕

（iii－1）住民からの情報、提言が無視され、請願が否決される。

（iii－2）帰還しない住民は見棄て、移住者を集める政策を実施する。

（iii－3）測ること自体を「風評」という言説が広められる。

（iii－4）放射能は危険でないという言説が広められる。

（iii－5）仮設住宅集会所がなくなって、村民に伝える場がなくなった。

（iii－6）帰還しない住民の団体が行政から認められず、広報紙にも載らない。

（iii－7）首長が帰還、学校再開一本鎗で、不安を感じる住民、帰還しない住民の権利や生活の保障を無視している。

（iii－8）広く発信するメディアを構築する技術や資金がない。

（iv）〔連帯〕

（iv－1）外部の専門家、市民とつながり合って、測定の技術や関連情報、さらに調査データを共有して相互に活動を強化する。

（iv－2）測定調査の機材を融通しあって能力を強化する。

（iv－3）市民科学者の団体などから助成を受ける。

（iv－4）連帯の輪が広がることで、共同調査が実現、調査能力が向上。

（v）〔関与〕

（v－1）子ども被災者支援法の実体化を求める活動をさらに進める。

（v－2）原発事故は終わった、放射能はなくなった、もしくは無害になったように装う政府の姿勢を変えさせるよう圧力をかける。

（v－3）加害者（東電）が当事者意識を持って誠実に対応するよう、電力会社の選択や政治なども駆使して圧力をかける。

（v－4）SNSなどを通して、伊藤さんのような人びとの活動を精神的物

質的に支援する。

（ⅴ－5）避難者や被害住民が起こしている裁判を支援する。

（ⅴ－6）伊藤さんや白髭さんの活動の目的に逆行している自治体の方針を変えさせるよう、選挙や政策提言によって圧力をかける。

（3）分析のまとめ

このように、（ⅰ）暴力の所在・態様から、（ⅱ）自力更生努力、（ⅲ）その阻害要因、（ⅳ）市民連帯の活動、（ⅴ）私たちのように被災地住民とは立場の違う者からの関与が描き出された。非常に多様で強大な暴力に対して被害者は12年以上にわたって克服努力を重ねてきた。特にここで取り上げたモニ爺、伊藤さん、白髭さんの例では、さまざまな阻害要因に妨げられながらも、立場の違う人びと、また立場の近い人びととつながり合って粘り強い闘いを続け、現在に至っていることが分かる。

ただ、ここにある暴力の根本は今も1Fから放出され続けている放射能にあり、それ自体は数十年程度で克服できるものではない。したがって、ここで行われる暴力克服とは、あくまで原発事故によって、放射能によって引き起こされた（人間に起因する）暴力を少しでも減らす、決して増やさないということである。この構造を見る限り、個々人の闘いを支援する輪を拡げることもさることながら、被害当事者と異なり1Fの電力をふんだんに使用してきた私たちの［関与］こそが、暴力を減らす自力更生努力を支援するために必要とされているのである。

4　おわりに

「復興」の名の下に政府、福島県は「除染」によって「安全」になった地への帰還を、今も放射能を恐れる人びとに実質的に強制するという暴力を作り出している。そこには、放射能汚染による居住地（故郷）、自然環境、生業などサブシステンスの剥奪という暴力を過去のこと、済んだこと、なかったことにする暴力の不可視化の構造が見られる。

除染や復興拠点、さまざまな箱モノの整備などが巨費をかけて行われてきた

が、それでも避難指示を解除した自治体への住民の帰還率は上がらない。その中で予算を増やし続けているのが「リスクコミュニケーション」「風評払拭」などの情報戦略である。国や県は原発事故後2018年までの間に、広告代理店電通に240億円もの費用を支払っている。「安全」と「復興」を強制するためにこれだけの額を費やすこと自体もコミュニケーションの暴力（開発コミュニケーション）である[4]。

　このように避難指示を解除された（一部は今も帰還困難区域）地域の住民、暴力の被害当事者自身のモニタリングなどの活動は、その暴力を可視化し、暴力をなかったことにする構造に抵抗しながら向き合っていく自力更生の営為である。

　放射能汚染は毎時何 μ Sv なら安全／危険と線引きできるものでないのはもとより、現在の私たちの世代のうちに克服できるようなものでもない。なぜなら、伊藤さんが12年余の計測を通して分かったことは「汚染の非均一性」「ベクレルに規則性は無い」ことだ。土壌汚染と植物や農作物への放射能移行に法則はなく、どこに危険があるのかいのかは分からず、巨費をかけた除染に効果があったとはいえない。シーベルトという空間線量率で安全／危険を国家が線引きする暴力が見出された。

　「モニ爺」たちの活動は、外部／内部被ばくを少しでも減らす努力であると同時に、決して克服できない放射能汚染という暴力とどう向き合い、付き合っていくかを日々試し、確認し、記録する営為である。それは、国のいう「安全」「復興」の暴力を暴きつつ、自身と未来の世代の平和に向けて生き続ける日常の闘いなのである。

注

1）2019年3月15～16日、2022年12月13～14日に聴き取り。

2）2016年には国際原子力機関（IAEA）や原子放射線の影響に関する国連科学委員会（UNSCEAR）、世界保健機関（WHO）など、国際機関メンバーらが福島県で多発している甲状腺ガンについて、福島原発事故による放射線被ばく由来ではなく「過剰診断」によるものとの指摘がなされ、県民健康調査の検討委員会で、県民健康調査甲状腺検査や学校での検査見直しが検討されたが、継続を望む多数の住民の声によって打ち切りは見送られた（原発事故被害者団体連絡会から福島県知事、県民健康調査課長宛「県

民健康調査の目的に沿った調査と検査の継続と拡充を求める要望書」、http://hidanren.
blogspot.com/2016/12/blog-post_88.html、2023 年 2 月 1 日閲覧）。

3）2019 年 3 月 12 日、2022 年 12 月 14 日に聴き取り。

4）リスクコミュニケーションの開発コミュニケーションとしての構造、開発主義との関係
の詳細は、平井朗（2015）参照のこと。

文献

飯舘村（2018）『までいのこころを綴る〈第 3 版〉』東日本大震災及び東京電力福島第一原子
力発電所事故被災の記録。

飯舘村（2020）『までいな暮らしへの誘い』移住定住へのしおり。

伊藤延由（2018）「身の回りの放射能汚染測定を通して福島県飯舘村に居住することの意味
を考える」『高木基金だより』No.46。

伊藤延由（2019）「飯舘村の放射能汚染を測り続ける」『たぁくらたぁ』vol.47。

伊藤延由（2022）「もとの暮らしをとりもどしたいだけです」『月刊むすぶ』No.616。

豊田直巳（2019）『福島「復興」に奪われる村』岩波書店。

野池元基（2019）「広告代理店・電通による『心の除染』」『たぁくらたぁ』vol.47。

平井朗（2015）「原発とコミュニケーション——福島と水俣をつなぐ平和学の視点から」関
礼子（編）『"生きる"時間のパラダイム——被災現地から描く原発事故後の世界』日本評
論社。

平井朗（2019）「原発とコミュニケーション——東電原発事件をめぐって」『Rikkyo ESD
Journal』No. 3・4：pp.21-24.

除本理史（2015）「不均衡な復興とは何か」除本理史・渡辺淑彦編『原発災害はなぜ不均衡
な復興をもたらすのか』ミネルヴァ書房。

横山正樹（2006）「平和学としての環境問題」季刊『軍縮地球市民』No.6。

横山正樹（2008）「開発援助紛争の防止へ向けた平和学的 ODA 事業評価の試み——フィリピ
ン・バタンガス港の事例分析から」『国学院経済学』56（3・4）。

吉田千亜（2018）『その後の福島——原発事故後を生きる人々』人文書院。

OurPlanet-TV（2019）「原発事故後の復興 PR に 240 億円——電通 1 社で」
http://www.ourplanet-tv.org/?q=node/2394

第 12 章
「脱原子力社会」へ歩み出した台湾
―原発廃止・エネルギー転換・核の後始末―

鈴木　真奈美

1　はじめに

　台湾では 2021 年、凍結中だった第四原発計画の再開を問う全国レベルの公民投票（国民投票に相当）が実施され、反対多数で否決された。これにより既設の第一原発から第三原発・計 6 基の運転終了をもって、台湾は原子力発電から脱却することが確実となった。投票結果を受け、民主進歩党（以下、民進党）の蔡英文政権（2016 ～）は原発廃止に向けた措置とエネルギー転換を促進し、「非核家園」（The Nuclear Free Homeland、原発のない郷土）を 2025 年までに達成する（以下、「2025 年非核家園」）との方針を改めて確認した。ここで「改めて」としているのは、台湾では「非核家園」の達成時期をめぐって政策が二転三転してきたことによる。

　「非核家園」は 1990 年代に台湾の反原発運動から生まれた造語である。この用語を生み出した台湾環境保護連盟創設会長・施信民は、「非核」は「原子力発電ゼロ」だけでなく「反核兵器」を含むと定義しているが、一般的には前者の意味で用いられている[1]。台湾は現在、原子力発電を利用しているので、「非核家園」は「脱原子力社会」と言い換えることもできよう。

　では「脱原子力社会」とは、いかなる社会だろうか。日本の原子力市民委員会座長を務めた吉岡斉は、「原発を廃止するとともに原子力発電に伴う『負の遺産』を賢明に管理していく社会」と定義した（吉岡，2014: p.69）。「負の遺産」とは、低・中・高レベルの放射性廃棄物といった、いわゆる「核のごみ」や運転を終了した原子力施設全体とその敷地、そして事故や定常運転の過程で放射能汚染された土壌などを指す。核反応によって生み出された使い道のない

プルトニウムも、実質的に「負の遺産」である。

　ただ、「負の遺産」とすると「正の遺産」もあるかのように受け取られるかもしれない。その場合、それは誰にとっての「正の遺産」なのかが問われなければならないだろう。ちなみに英語では、単に「核の遺産」（Nuclear Legacy）と呼ばれる。放射性廃棄物・汚染物に加え、核抑止力の名の下に増産された核兵器やその製造施設、核実験場などもそれにあたる。より広義には、原子核から人為的に取り出された特異なエネルギーの利用を支える社会も「核の遺産」とみなせるだろう。

　原子核エネルギー（以下、核エネルギー）の特異性は、第一に化学反応で得られるエネルギーと比べて桁違いに巨大であること、第二にその巨大性ゆえに軍事利用と切り離せないこと（デュアルユース［dual use］性）、第三にその利用のすべてにおいて放射線がつきまとうこと、それと関連し第四に管理処分が極めて困難な放射性廃棄物が生み出されることである。そもそも核反応とは宇宙で起きている、いわば天上の自然現象であり、それを地上で人為的に発現させようとすれば放射線が生命を脅かす。原子力を「天の火」と呼んだり、放射性物質が生命にとって無害になるまでに要する時間を「天文学的」と表現したりするのは、決して比喩などではないのである。

　これらの特異性のために、核エネルギーの大規模な利用は、それが「平和」目的であれ、いやむしろそうであるがゆえに、ロベルト・ユンクが『原子力帝国』（1979）の中で警告したように、中央集権的なシステム、専門家支配、秘密主義、差別、そして市民的自由や権利の制限を必然的に伴う。その様相は、これまでの章で詳らかにされてきた通りだ。

　「平和」利用の代表的なものが原子力発電である。人々は電力消費を通じてデュアルユース性を持つ核エネルギーの利用を経済的・制度的に支える社会システムに否応なしに組み込まれる。先駆的な対抗専門家の一人で市民科学者の高木仁三郎は、平和とは本来「人々の心が安らかで大きな争いや災いが社会にない状態」と捉え、原子力発電がもたらすのは「エネルギーの取得の代償に自らの安心と将来世代の安全を売り渡してしまったような、ファスト的契約の下での『平和』」と断じた（高木，1996: p.75）。

　つまり「脱原子力社会」が私たちに投げかけているのは、原子力発電を廃

止して、その分をどの電源で穴埋めするのか、といった電力供給の問題に留まらず、「原発型社会」（佐々木, 2020: p.123）から脱却し、残された核廃棄物を賢明に管理しつつ、市民と地域が自律的に自らのエネルギーを選択しうる社会を、そして「本来の平和」を、いかにして手繰り寄せるのかという民主主義（democracy）の根幹に関わるラディカル（radical）な問いなのである。

　後述するように、「非核家園」の運動は民主化の動きと緊密に連動してきた。今日の台湾は「手続き的民主の定着」から「民主の深化」の段階にあると言われ、そうした政治と社会のトランジション（transition）の渦の中で、脱原発とエネルギー転換もまた、試行錯誤を重ねながら歩を進めている。とはいえ、原子力発電を前提とする電力システムと、それに依拠してきた産業・社会構造からの移行（shift）は、政府が脱原発を宣言したからといって、一朝一夕に成し遂げられるものではない。ましてや多様な意見を汲み上げ、それらを調整して政策に反映させるには、そうした制度の構築と市民の積極的な参加が不可欠であり、それには時間も労力もかかるし、目標は一致してもそれをどう達成するか、路線選択で軋轢が生じることもありえよう。

　台湾は原発廃止とエネルギー転換に向けて、どのような取り組みを進めているのだろうか。そして、その道程でいかなる試練にぶつかり、それらにどう対処しようとしているのだろう。本章では「脱原子力社会」へ歩み出した台湾を取り上げ、その経験と今後の見通しについて論じてみたい。

　まず、「非核家園」の政治過程を、市民運動と政治の関係を中心に振り返る。次に、「非核家園」達成の要諦となるエネルギー転換の現状を、代替エネルギー開発をめぐる紛糾や原発維持勢力の巻き返しなどと併せて検討する。そのうえで、もう一つの要諦である「核の後始末」という難題に、行政と市民社会はどう向き合い、対応しようとしているのか、正義の視点を折り混ぜながら考察する。最後に、台湾における「脱原子力社会」の明日を、市民参加に着目して展望する。

2 「非核家園」の政治過程

（1）台湾における原子力発電の概要

　台湾は米国の技術的・経済的支援の下、1950年代に原子力開発に着手し、1970年代に原子力発電をスタートさせた。図1に台湾の原子力施設の所在地を示す。

　台湾の原子力法はその施行細則において、原発の運転期間を原則40年までと定めている。既設6基は2018年から順次操業を終えていき、2025年までに全基が運転許可期限を迎える。既に第一原発と第二原発の計4基は運転を終了し、廃止措置に入った（2023年8月現在）。

　原子力発電事業を担っているのは、経済部（経済産業省に相当）が所管する国営台湾電力公司（以下、台湾電力）である。台湾電力は国営企業であることから、原発建設を含む事業計画は行政院（内閣に相当）の同意を経て立法院（国会に相当）へ送られ、そこで事業に関わる予算案が審議される。立法院が

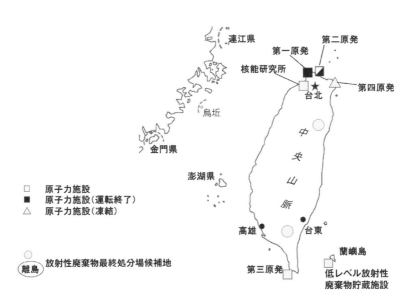

図1　台湾の原子力地図（2023年9月現在）
出典：筆者作成

予算案と予算執行を承認しなければ、台湾電力は建設計画などを前に進めることはできない。そのため立法院では原発予算の可否をめぐり、壮絶なバトルが毎年のように繰り広げられてきた。これは原子力発電事業が民間事業者に委ねられている日本との主要な違いの一つである。

　また、日本や韓国と異なり、台湾では原子力機器産業が形成されなかったことから、台湾電力は原子炉をはじめとする主要機器や核燃料の製造・供給、原子力プラントの設計・調達・施工などの多くを、基本的に海外企業に依存してきた。国内産業の不在が、原発導入の経緯を同じくする日韓と比べて脱原発のハードルが低かった理由とする見方もあるが、2023年に脱原発を完了させたドイツが世界有数の原子力産業を擁していたことを考えると、決定的な要因とはいえないだろう。

（2）「非核家園」の運動と政治の応答

　台湾では中国国民党（以下、国民党）による一党支配の下、長く戒厳令（1949～1987）が敷かれていたため、国防とも絡む原子力開発に異議を唱えるのは至難であった[2]。公の場での抗議は1986年のチェルノブイリ原発事故を契機とする。その後、戒厳令が取り払われると、原発に反対する人々は住民団体や全国組織を結成し、民主化に取り組む勢力とも連携しながら、新規計画となる第四原発（以下、文脈に応じて台湾での通称である核四と呼ぶ）2基の建設中止に注力していった。核四中止は原発の段階的廃止を意味するからである。

　戒厳令解除で合法政党となった民進党は2000年の総統選挙で辛くも勝利すると、陳水扁政権（2000～2008）は公約だった核四計画の中止を宣言した。核四は1999年、李登輝政権（国民党）の下で基礎工事が始まっていた。中止宣言に対し、議会の過半数を占めていた野党・国民党は激しく反発し、政局は硬直状態に陥った。それというのも、台湾の政治制度では立法院が予算執行を決議した建設プロジェクトを、総統や行政院の一存で覆すことはできないからである。与野党協議の結果、核四の建設は再開し、その代わり「非核家園」へ向けて漸進することで合意を見た。これにより「非核家園」は与野党が共に目指す政治的「共通概念」となった（高，2013）。その後、2002年12月に施行された環境基本法において「非核家園」の達成が政府に義務付けられ（第23

条）、以降、それを「いつ」実現するかが政治の争点となっていく。

　2008年の総統選挙に勝利し、政権の座に返り咲いた国民党・馬英九政権は、核四を完成させたうえで、将来的に「非核家園」の達成を目指すとし、2011年10月の「建国100周年」記念日までに核四を竣工させたいとの意向を示していた[3]。ところがその年の3月に隣国・日本で福島第一原発事故が発生すると、従来の脱原発陣営に加え、アジアを代表する映画スターやミュージシャン、著名な作家をはじめとする文化人、さらには原発推進の立場をとってきた原子力技術者や国民党支持者などからも核四反対の声が沸き上がり、2014年3月の福島原発事故2周年には、全土で22万人（主催者発表）が核四中止と「非核家園」を求めて街頭を練り歩いた。台湾の人口は2300万人であることを考えると、そのインパクトの大きさが知れよう。

　同じ頃、学生たちが馬政権による議会軽視の姿勢に抗議して立法院を24日間にわたって占拠するなど（「ひまわり学生運動」）、人々は苦労して手に入れた民主を、自らの行動でさらに深化させようとしていた。こうした熱気を背景に、台湾の民主化運動を象徴する存在である林義雄（民進党元主席）が核四中止を訴えて無期限のハンガーストライキ（以下、ハンスト）に入ると、「非核家園」を希求する波は最高潮に達し、国民党の有力議員や地方首長も核四計画の見直しを訴え始めたのである[4]。このうねりを抑え込むことができなくなった馬英九は2014年4月、核四建設の凍結を表明した。2000年の中止宣言をめぐる顛末に照らせば、過去の立法院決議を盾に、建設継続を強行することも可能だったろう。しかし市民社会のパワーは、そうした政治的決着を許さなかった。人々は「非核家園」の早期実現を選び取ったのである。

3　エネルギー転換

（1）2025年原子力発電ゼロ

　2016年、蔡英文率いる民進党は政権を奪回すると、翌年1月、「2025年までに原発を終了させる」との条項を組み込んだ改正電気事業法を成立させた。これにより「2025年非核家園」は法的拘束力を持つ政府の目標となった。続いて2017年4月、蔡政権は「エネルギー・セキュリティ（energy security）」

「グリーン経済（green economy）」「環境サステナビリティ（environmental sustainability）」「社会公平（social equity）」の4本を柱とする新しい「エネルギー発展綱領」を発表し、この綱領に基づきエネルギー転換を進め「非核家園」を達成するとした。

　4本の柱のうち、以前のエネルギー綱領にはなかったのが「社会公平」である。目指されているのは、エネルギー市場における公平な競争環境の構築、政策形成過程への市民参加と政策コミュニケーションの強化、世代内と世代間公平、そしてそれらを通じた「エネルギー民主（energy democracy）」と「エネルギー正義（energy justice）」の実践である。

　これらの理念の下に、エネルギー転換に向けた短中期の指標として、2025年時点の電源構成比率を、原子力ゼロ（2015年は14.1%）、再生可能エネルギー（以下、再エネ）20%（同4.6%）、石炭火力30%（同45・4%）、天然ガス火力50%（同30.6%）とする方針が打ち出された。具体的には、原子力を再エネで代替していくとともに、石炭火力を減少させ、天然ガス火力を増やすことで安定した電力供給を確保しながら、二酸化炭素と大気汚染物質の排出削減を目指すというものである。

　政府はまた、関係省庁をまたいで統括指揮する行政院直轄の「エネルギー・低炭素オフィス（Office of Energy and Carbon Reduction）」を設置し、官民から成る委員会の下、洋上風力発電開発をはじめとする野心的な再エネ拡大策や政策形成過程への市民参加などを実行に移していった。

（2）エネルギー転換をめぐる紛糾

　この画期的なエネルギー政策はしかし、そのスタートから試練に見舞われた。2017年8月、台湾のほぼ全域で大規模な停電が発生し、5時間にわたって電力供給が途絶えたのである。原因は人為的過失と大規模集中型電力システムが抱える構造的問題によるものだったが、人々は大停電の再発に不安を覚え、業務に支障をきたした産業界は蔡政権に対し「2025年原発ゼロ」の再考を求めるなどした。

　人々の不安を払拭するため、蔡政権は発電所の新増設計画を打ち出したのだが、それに対し多方面から異議が噴出した。とりわけ反発が強かったのが、次

の二つの計画である。一つは、日本の「クリーン・コール（Clean Coal）」技術を使った石炭火力発電所の設置、もう一つは天然ガス発電所増設に向けた液化天然ガス（LNG）第三受入基地（以下、第三ターミナル）の建設開始で、どちらも電力消費量が大きい北部に計画された。前者は東海岸、後者は西海岸である。前者については立地地元の支持は得られたものの、当該地区を管轄する新北市や隣接する台北市などの自治体および住民は、「クリーン・コールという技術はあっても、クリーンなコールなど存在しない」として受け入れを拒否した。

　この石炭火力発電所設置を断念する引き換えに 2018 年、政府が提示したのが後者である。第三ターミナル建設は前政権が立ち上げたもので、建設予定地付近に広がる貴重な「石灰藻の礁」（以下、中国語の「藻礁」[algae reefs] と称す）への影響を危惧する地元住民、環境団体、研究者などが強く反対し、許認可審査が長引いていた。計画見直しの声が高まる中、政府は建設着工にゴーサインを出した。蔡政権のエネルギー転換政策——「2025 年原発廃止」と石炭火力低減——の成否は、とりもなおさず天然ガス火力の増大にかかっているからである。それに対し「藻礁」保護を訴える環境団体や住民は 2021 年、「第三ターミナル移転」を求める公民投票運動に打って出た。

　公民投票は本来、代表制（あるいは間接）デモクラシーの補完物としての役割が期待されるのだが、そこへ与野党対立が持ち込まれ、投票は蔡政権に対する信任投票の様相を帯びていった。そうした動きを睨んで、政府がターミナル建設予定地を「藻礁」から遠ざけるなどの修正案を示すと、環境陣営の中に意見の相違が生まれ、有力な団体や個人が政府案支持を表明したのである。

　台湾では近年、大気汚染が社会問題化している。石炭火力削減は喫緊の課題であり、加えて原発廃止期限である 2025 年も迫っている。第三ターミナル建設地を他所に移すとすれば、政府試算では完工までに 10 年以上を要するという。そうなると老朽化した石炭火発と原発を計画通りに閉鎖できなくなる恐れがある。その場合、当該施設の地元や周辺住民が不利益を被るだろうし、エネルギー転換の行程にも支障をきたしかねない。先の環境陣営内からの政府案支持は、これらの要件を包括的に考慮した上での苦渋の選択だった。

　「移転案」は冒頭で述べた「核四計画再開案」などとともに 2021 年末、公民

投票にかけられた。投票にあたっては有権者が争点を把握しやすいように、中央選挙管理委員会主催による公開弁論会が5週にわたって実施され、それらはテレビやネットで放映された。弁論会では「核四反対」で共闘してきた面々が、「藻礁」をめぐって論戦を交わすことになった。これが有権者の行動にどう影響したかは定かではないが、「移転案」は不同意票が同意票を上回り否決された。

　LNGターミナルをめぐる悶着はこれで終わったわけではない。政府は第四、第五のターミナル建設を計画している。それらの海域には絶滅危惧種やサンゴ礁などの棲息が確認されており、エネルギー転換という目標では一致しても、それをどう達成するかをめぐって議論の再燃は免れないだろう。すべての要件を満たす理想的なエネルギーは存在せず、いずれのエネルギーを採用したとしても、どこかに皺寄せがいくのは避けようがないのかもしれない。ここで紹介した事例は、エネルギー転換過程で勃発した摩擦の一端に過ぎず、こうした紛糾は太陽光や風力のメガプロジェクトをはじめ、小規模プロジェクトでも起きている。これらは古典的な「開発」と「環境」の対立ではなく、環境に望ましいエネルギーを求める行為と生態系保全、すなわち「環境」と「環境」の間に生じた紛争であり、「クリーン・クリーン・コンフリクト」(Clean-Clean Conflict) とも称される[5]。

　蔡政権による政策的後押しの下、太陽光や風力をはじめとする再エネ設備の導入は、国内外企業、地方自治体、地域コミュニティ、市民団体などの積極的な参画を得て急成長している。しかし、そのスピードに制度や規制が追い付かず、地域の自然／生活環境や農漁業など一次産業の圧迫につながるケースも少なくない。「環境」「地域の生業」「エネルギー」が相利共生しうる、公正なエネルギー転換はどうあるべきなのか。台湾では、再エネ導入過程で発生する社会的衝突に対処するためのメカニズムを市民団体が政府に提案し、既に2020年より一部制度化されている。台湾におけるエネルギー転換の進展と問題点については、例えば鄭方婷による一連の調査報告を参照されたい[6]。

4　ニュークリア・バックラッシュ

　停電への不安やエネルギー転換をめぐる争議は、「脱原発は電力不足と環境破壊を招く」「火力発電が増えて大気汚染が深刻化する」と主張してきた原発維持勢力にとって「2025年非核家園」に対する格好の反撃材料となり、巻き返しが始まった。ニュークリア・バックラッシュである。

　原発維持を唱道する主要なアクターは、国民党、核能（核エネルギー）学会、工商協進会（日本の経団連に相当）、そして反脱原発運動（脱原発に反対する運動）などである。一方、台湾電力、原子力委員会、核能研究所といった、かつて国民党と共に原発を推進してきた国家機関は、その職務を「非核家園」とエネルギー転換の達成へとシフトさせた。これらの変化は、2016年に国のエネルギー政策が本質的に変わったことによる。換言すれば、次期政権の方針次第で原発回帰の可能性もゼロではない。

　反転攻勢に乗り出した原子力維持陣営は2018年、世論が蔡政権のエネルギー政策に懐疑的になった機を捉え、脱原発に反対する市民グループと核能学会が中心となり、「2025年」条項の削除を求める公民投票運動を立ち上げた。街頭での署名集め、ハンスト、メディアへの意見広告など、反原発運動を彷彿させるようなキャンペーンを展開し、馬英九前総統や前閣僚といった国民党有志も原発支持のロゴが入ったＴシャツを着て街頭に立った。

　ここで公民投票について整理しておこう。まず、「公民」とは「市民」という意味である。公民投票には全国性と地方性があり、前者は国民投票、後者は住民投票に相当する。公民投票は2003年、陳水扁政権の肝いりで法制化された。これも民主化運動の成果といってよい。しかし、投票の発議や成立に関わる要件が厳しく「籠の鳥」状態であったことから、2017年に法改正され各種要件が大幅に緩和された。この法改正が、原発維持陣営に政治的機会をもたらしたのである。

　皮肉なことに、公民投票運動は脱原発を標榜する勢力が核四計画中止を目的に、公民投票法の成立前から注力してきたもので、「運動のレパートリー」の一つだった。それは国民党が行政院と立法院の両方を握っていた時代、第四原発に関わる決定を覆すには、公民投票やハンストなどを通じて民意の支持を得

る以外、他に術がなかったからである。「2025年非核家園」を掲げる蔡英文政権の誕生により、原子力政策の中枢から外れた原発維持陣営は、かつて反原発運動がそうしたように、民意の支持を獲得することで自らの主張を正当化する手法に訴えたのだった（鈴木，2020: pp.63-65）。

「2025年条項削除」は2018年11月、他の議案とともに公民投票にかけられ、その結果、賛成多数により同条項は無効となった。しかしそれは「非核家園」の法的な達成期限が取り払われたに過ぎず、政府に原発維持を義務づけるものではない。蔡政権は環境基本法と原子力法の規定に従い、既設6基の運転を順次終了すると改めて表明した。それを不服として2021年、原子力維持陣営は「核四計画の再開」を問う新たな公民投票を発議し、その年末、投票の運びとなった。結果は、冒頭で述べたとおりである。こうして脱原発をめぐる論争は民意によって、ひとまず決着がついたかのように見受けられる。しかし現行法では投票結果の法的拘束期間は2年間であることから、議論が蒸し返される可能性もある。

民意に着目すると、台湾では過去20年余りの間、原発、特に核四の可否に関する民意調査（世論調査に相当）がメディアや研究機関などにより度々実施されてきた。これは長きにわたって核四問題が政治や社会を揺るがす争点だったことを表している。民意は移ろいやすいものだが、福島第一原発事故以降、核四計画廃止については賛成多数で安定している。しかし公民投票の結果が示すように「2025年原発ゼロ」を不安視する向きも少なくない。ニュークリア・バックラッシュの火種はくすぶり続けており、何かのきっかけでぶり返すこともありえよう。実際、ロシアのウクライナ侵攻に起因するエネルギーひっ迫を理由に、工商協進会が原発の運転延長を主張している。第三原発の地元および周辺自治体からも同様の声があがっているが、こちらは原発回帰というより、原発廃止による補助金への影響などを危惧しての訴求であり、エネルギー転換で不利益を被る層への社会的配慮が課題となる。

5 「核の後始末」

（1）タオ族に対する不正義

「非核家園」の行程は原子力発電の終了でゴールとはならない。エネルギー転換に加え、「核の後始末」という先送りにしてはならない課題が横たわっている。そのうち、行政院が設置した「非核家園」推進専門部会が最優先と位置付けているのが、台湾東部の離島・蘭嶼に置かれたままとなっている核廃棄物の撤去である。

先住民族の一つ「達悟」（Tao：タオ）族[7]が暮らす面積48平方キロほどの小島に、低レベル廃棄物の"一時"貯蔵施設が開設されたのは1982年だった。土地は国防の名目で接収され、島民たちは核廃棄物が運び込まれて初めて施設の用途を知ったという。タオ族の度重なる抗議を受け、1996年を最後に搬入は中止されたが、その間に各原発などから運び込まれた核廃棄物はドラム缶10万本に上る。同施設を運営する台湾電力は2002年、施設移転に同意したが、受け入れ先が見つからず、今日に至るも履行されていない。

貯蔵施設の立地が決定されたのは、戒厳令下の1970年代である。当時、台湾は欧米や日本と同じく、核廃棄物をドラム缶ごと太平洋に捨てる計画だった（第8章参照）。蘭嶼が立地先に選ばれたのは人口が2000人余り（当時）と少なく、地理的に海洋投棄に便利と考えられたからだった。しかし1993年、ロンドン条約で核廃棄物の海洋投棄は禁止となる。台湾は国際法上の地位の関係から同条約には加盟していないが、国際ルールを無視することはできない。こうして海洋投棄は不可となったにもかかわらず核廃棄物の搬入は止まらず、一時保管のはずが長期貯蔵へと変容した。この間に、塩分を含んだ湿気に長く晒されてきたドラム缶は腐食が進み、中身が露出して放射能が施設外へ漏れ出していた。台湾電力は詰め替え作業を行ったが、その作業に従事した多くが島民である。そのうちタオ族の青年1名が白血病で死亡した。被ばくが原因ではないとされるが、島民たちはガンなどに罹患すると核廃棄物との関係を疑わずにはいられないし、不安と隣り合わせの日常を余儀なくされている。

これらの不正義に対し2016年、蔡総統は政府を代表してタオ族に謝罪するとともに、施設立地の経緯について機密文書を含む公文書の全面調査を実施し

た。そのうえで 2019 年、土地の損失を補償するための基金会を設立し、過去に遡って 25 億 5000 万台湾ドル（2023 年 4 月現在のレートで 112 億円）、さらに核廃棄物を撤去するまで毎 3 年 2 億 2000 万台湾ドルを、バックエンド基金（核廃棄物処分や廃炉のための積立金）から補償すると発表した。これは積年の人権侵害をただし、正義を実現するプロセス、すなわち「移行期正義」の一環とされる。しかし補償金をめぐってはタオ族の間で意見が分かれ、「金はいらない、撤去費用に充てればよい」「撤去が先、さもないと最終処分場にされる」といった見方も根強い。というのも、蔡総統は「核廃棄物を置き去りにしない」と言明しているが、持っていき場がなければ運び出しようがないからである。

（2）核廃棄物問題への社会的対処

　台湾における核廃棄物の現状は、次のとおりである。まず、低レベル廃棄物は蘭嶼移送の中止以降、各原発と核能研究所の敷地内で保管されている。次に使用済核燃料であるが、原発の運転開始からこの方、各原子炉建屋内のプールですべて冷却保管されている。台湾は再処理を選択していないので、使用済核燃料は高レベル廃棄物として直接処分される。問題は低レベル・高レベルどちらも最終処分場の目途が立っていないことである。

　蘭嶼の核廃棄物撤去については台湾電力も手をこまねいたわけではなく、域内移送に加え、海外搬出案も追求してきた。これまでに北朝鮮、ロシア、中国、マーシャル諸島共和国と低レベル廃棄物の受け入れについて交渉を持ち、北朝鮮とは 1997 年に契約までこぎつけたものの、韓国政府をはじめ各方面からの強い反対で立ち消えとなった。域内移送計画もまた、捗々しくない。候補地は本島山間部と離島に絞られたが、台湾では最終処分場設置の可否は地域レベルの公民投票に問うと法で定められており、いずれの自治体も公民投票の実施を拒否するなど行き詰まり状態にある。

　こうしたジレンマの打開策として検討されているのが、公民投票が不要な中間貯蔵施設の設置だ。しかし立地が了承されたとしても建設には時間がかかる。そこで蘭嶼の核廃棄物は発生元である各原発などへ戻し、施設の運用開始まで敷地内で保管することが提案されている。それに対し、第一原発と第二原発の

地元で反原発運動を中心的に担ってきた住民は、正義の観点から「返還もやむなし」とする一方、両原発の立地自治体である新北市は否定的である。また、環境派の中には輸送に伴うリスクを考慮し、中間施設が開設するまで蘭嶼で厳重保管してはどうかという意見もある。使用済核燃料についても低レベル廃棄物と同じく中間施設へ移送し、その間に最終処分場を建設する計画である。しかしながら将来的に運び出されるとしても、すべての廃棄物を集中貯蔵する施設の立地は容易ではない。既に新北市や離島など、候補地になりそうな自治体は受け入れ拒否を表明している。

　では、「核の後始末」という難題に脱原発運動はどう取り組もうとしているのだろうか。原子力発電の終了が射程に入ったことから、市民団体は次の課題として核廃棄物問題に取り組み始めた。2016 年にはこの問題を討議する民間フォーラムを各地で開催し、熟議を研究する大学研究者の協力の下、核廃棄物処分を進める上での「原則」について話し合った。運動が核廃棄物処分の「進め方」について議論したのは、これが初めてである。この討議からいくつかの共通認識が導き出された。一例を挙げよう。これまで核廃棄物の貯蔵施設や、最終処分場の候補地に選定されてきたのは、人口が少なく電力消費量が小さい地域だった。それらは離島であるとか、山間部（その多くは先住民族が暮らす地域）などである。フォーラムは環境正義の見地から、核エネルギー利用が包含するリスクを公平分配するため、中間貯蔵施設や最終処分場の選定にあたっては科学的根拠や地質学的適合性などのほかに電力消費量も考慮すべきとし、それを政府に提言した。電力消費量に着目することで、社会不正義を是正するとともに、核廃棄物問題に対する社会的議論を喚起するのが狙いである。

　「非核家園」推進専門部会には、関係省庁や台湾電力に加え、原子力施設の立地地元住民、原発に批判的な学者、NGO 代表なども名を連ね、2017 年から核廃棄物処分や廃炉などについて討議を重ねている。これを行政による運動の"取り込み"と見るか、政策過程への"市民参加"と捉えるかは議論の余地があるだろう。原発回帰をめぐる 2 度の公民投票で、専門部会は再び原発論争に引き戻され、核廃棄物問題への取り組みは足踏みした。行政と市民が「核の後始末」にどのような「答え」を導き出すかは、今後の展開をまたなければならない。

6　おわりにかえて──「脱原子力社会」と市民参加

　ある問題を解決しようとすると、別の問題が惹起されるような性質を持つ課題は「厄介な問題」（Wicked Problem）と呼ばれる。「厄介な問題」は美しい解が見いだせないアポリア（aporia）であり、「利害関係者」ないし「当事者」たち（stakeholders）の間でどう折り合いをつけるか、それが問われることになる。本章で見てきたように、エネルギー転換や「核の後始末」をめぐる紛糾は典型的な「厄介な問題」である。しかし、だからといって原発廃止を否定する理由にはなりえない。むしろ、芋づる式に出現する複雑な問題に対し、行政を含む「当事者」が協働して互いに納得のいく着地点を見いだす作業そのものが、「脱原子力社会」の骨格を形づくっていくのではないだろうか。

　台湾が脱原発を前提とするエネルギー転換に本腰を入れ始めたのは 2016 年半ばだった。それから 7 年ほどが経過した 2023 年 4 月を例にとると、発電量全体に占める原子力の割合は 3.2% に低減し、再エネは 9.3% だった[8]。原子力は第三原発が特別措置で運転延長されない限り、2025 年までにゼロとなる。再エネは洋上風力発電の本格稼働に伴って今後の伸びが見込まれるが、2025 年までに再エネ 20% を達成するのは非現実的であり、当面は火力発電依存が強まるだろう。しかし数値目標の達成度はエネルギー転換の一側面に過ぎない。エネルギー転換は、技術の性質、社会構造、産業構造、そして政策システムを変容させていくと考えられ、実際、台湾ではそうした変容が見て取れる。

　政策システムを例にとると、エネルギー転換の具体的な行動指針となる「エネルギー転換白書」（以下、「白書」）は、2017 年から 2 年をかけて市民参加によるボトムアップ方式で策定された。第一ステップは地方ごとの予備会議である。同会議で示された提案や意見を踏まえて、第二ステップにおいて産官学民から成るテーマ別ワーキング・グループ（WG）が「白書」案を作成した。第三ステップでは団体別会議と一般民衆による会議がそれぞれ開催され、素案に対する修正案が審議された。各ステップの参加者数は延べ 2000 名を超え、さらに全行程でネットやファックスなどを通じて多数の意見が寄せられた。各ステップのすべての議論は録画され、議事録と共に公開されている。こうして積み上げられた議論は最終的にテーマ別 WG が「白書」に取りまとめ、2020

年に公表された。この一連のステップで目指されたのは地方と市民のガバナンス能力の構築、そして行政と民間の協働である。この方式は公共政策を策定するにあたっての新しいモデルになるものと目されている。

　実は、これほど大掛かりではないものの、台湾では以前から政策形成や社会的な諸問題の打開に向けて、地方に加え国レベルでも市民参加が試みられてきた。近年はデジタル技術を活用した仕組みが実践されている（Ho, 2022）。とはいえ開発途上のため問題も少なからずあり、特に原子力のように利害が複雑に絡み合い、価値判断が分極化／多極化しやすい課題では「主張の言いっ放し」に終わりがちである。しかし重要なのは、政治や社会的意思決定において市民による参加と熟議の機会を制度的に保障することにある。市民参加の制度化は世界のあちこちで始まっており、機能不全が指摘されて久しい代表制民主主義の刷新が期待されることから、「民主主義のイノベーション（democratic innovation）」とも位置付けられている（三上，2022: p.60）[9]。今日の台湾で悪戦苦闘しながらも進行しているのは、まさにそうしたイノベーションであり、それが「脱原子力社会」を紡ぎ出す原動力になっていると言えよう。

　最後に日本へ目を向けると、2023年2月に閣議決定されたGX（グリーントランスフォーメーション）基本方針と、同5月に国会で可決されたGX関連法案の策定過程が示すように、日本のエネルギー政策は政官学業から成る利益共同体が不透明なプロセスで形成・決定し（坪郷，2013: p.13）、市民参加といえば極めて限定的なパブリックコメントくらいである（第9章参照）。福島第一原発の「ALPS処理水」放出にしても、その決定過程に「当事者」が納得のいく形で参加したとは言い難い（第8章参照）。この現状を、私たちはどう捉えるべきだろう。

　以上、本章では「脱原子力社会」へ歩み出した台湾の事例を、市民運動や市民参加に着目しながら概観してきた。原発論争は続いており、政権交代や海外情勢の変化、そして再エネ導入の進捗具合によっては、第三原発の運転延長もありうるかもしれない。代替エネルギーと核廃棄物処分をめぐっては、今後も紆余曲折が続くだろう。台湾がこれらの「厄介な問題」にどのような答えを、どう導き出すのか注目していきたい。

＊追記：2024 年 1 月の総統選挙では原発回帰の可否が争点の一つになると見られている。

注
1）施信民は元台湾大学化学工程学系教授。2023 年現在、台湾総督府国策顧問など。施による「非核家園」の定義は以下を参照。「台灣非核家園運動的回顧與展望」
https://www.tepu.org.tw/wp-content/uploads/2019/03/ 台灣非核家園運動的回顧與展望環盟施信民創會會長 -1.pdf（最終閲覧日：2023 年 10 月 2 日）。
2）台湾は研究施設で秘密裏に核兵器開発を進めていた。IAEA と米国は 1988 年、その施設に乗り込むと、核兵器用の核物質を扱う装置にセメントを流し込むなどして使用できなくした（賀，2015: p104）。
3）1911 年 10 月 10 日に発生し辛亥革命の発端となった「武昌起義」を記念して、この日を中華民国（台湾）の建国記念日としている。
4）林義雄の家族は、彼が反体制運動に関与した罪で投獄されていた 1980 年、台北市内の自宅で“何者か”に殺害された。この事件後も一貫して台湾の民主化に尽力してきた林義雄は、支持政党や原発に対する立場の違いを越えて広く尊敬を集める存在である。
5）鄭方婷「エネルギー・トランジション」に立ちはだかる「クリーン・クリーン・コンフリクト」http://hdl.handle.net/2344/00052157（最終閲覧日：2023 年 3 月 11 日）。
6）鄭方婷による報告には、例えば「サステナ台湾──環境・エネルギー政策の理想と現実」などがある。
7）「雅美」（Yami）とも称される。「雅美」（Yami）は「我々」、「達悟」（Tao）は「人」を意味する。官公庁は前者を、民間は後者を用いることが多い。
8）経済部能源署能源統計専區
https://www.esist.org.tw/publication/monthly_detail?Id=12618ab72d（最終閲覧日：2023 年 10 月 2 日）。
9）三上によれば、民主主義のイノベーションとは「参加や熟議をしたり、影響力を与えたりする機会を増やすことによって、ガバナンスにおける市民の役割を問い直し、広げるために編み出される、新たなプロセスや制度」である。それらは、①ミニ・パブリックス、②参加型予算、③レファレンダムと市民イニシアティブ、④協働的ガバナンスの 4 つに類型される（三上，2022: pp.60-62）。本章で紹介した台湾の試みは④にあたる。

参考文献
佐々木寛（2020）「〈文明〉転換への挑戦」『世界』岩波書店、第 928 号：pp.120-129。
鈴木真奈美（2020）「台湾の脱原発政策と民意の揺り戻し──エネルギー転換の課題と展望」『地域研究』第 25 号、沖縄大学地域研究所：pp.53-75。

高木仁三郎（1996）「核の社会学」『環境と生態系の社会学』現代社会学第 25 巻、岩波書店：pp.73-88。

坪郷實（2013）「参加民主主義の課題」『月刊 DIO』No.280、連合総研：pp.12-15。

三上直之（2022）『気候民主主義——次世代の政治の動かし方』岩波書店。

吉岡斉（2014）「原子力市民委員会の目指すもの」『日本原子力学会誌』Vol.56、No.3：pp.68-69。

ユンク、ロベルト（山口祐弘訳）（1979）『原子力帝国』アンヴィエル。

賀立維（2015）『核彈 MIT：一個尚未結束的故事』我們出版：新北市。

高銘志（2013）「再訪非核家園之內涵在我國歷年來相關政策與法制之變遷：兼論環境基本法非核家園條款引發之爭議」『台灣環境與土地法學雜誌』第七期：pp.102-130。

Ming-sho Ho（2022）Exploring Worldwide Democratic Innovations - A case study of Taiwan, *European Democracy Hub*：Belgium.

https://epd.eu/news-publications/exploring-worldwide-democratic-innovations-a-case-study-of-taiwan/（最終閲覧日：2023 年 10 月 2 日）。

おわりに
―近代「文明災」としての3.11―

3.11を歴史的な「経験」にするという課題

1986年のチョルノービリ原発事故の後、世界最大の過酷事故であった3.11をどのように記憶し、歴史の教訓とするかは、その後の社会のあり方を決する。この事故を契機として、ドイツのメルケル首相は、自国のエネルギー政策を脱原発へと転換した。一方、当事国の日本では、国や県が甲状腺被ばくや自主避難者の排除といった被害実態の把握を怠り、事故がもたらした社会的インパクトが過小評価された（日野, 2016；榊原, 2021）。事故後公表された日本のエネルギー基本計画においても、原子力は依然として「ベースロード電源」として温存され、エネルギー政策の基本的な変更は見られなかった。本書でも指摘されているように、概して日本では、このできごとを〈経験化〉するよりも、ひたすら事態を曖昧化し、忘却するための力が働いた。

この事故は、地震や津波という「天災」がもたらしたものであったことは明白だが、長年原子力産業を国策として推進し、また「安全神話」に寄りかかって規制が不十分だった日本政府、また自己利益を優先して注意義務を怠った東京電力による「人災」でもあった（国会 東京電力福島原子力発電所事故調査委員会, 2012）。またさらに、哲学者の梅原猛がこれを「文明災」と呼んだように、それまでひたすらナショナルな経済成長や消費的安楽を優先させ、もっぱらテクノロジー（科学技術）に依存しながら、「安い」資源供給のために地方（周辺）に負担を押しつけてきた、近代日本のあり方そのものも問われた。

筆者は、この事故と被災の経験を、この「文明災」という、時間的にもっとも深いレベルから捉えることが重要だと考えている。先述の「忘却」の力学に加え、この間の政策決定者たちに垣間見られた「無責任の体系」や非倫理性、非科学性を踏まえる時、かつての知識人、たとえば丸山眞男や矢内原忠雄らが問題化した「日本精神」の病弊が再現しているように見えるからである。

ヒロシマ・ナガサキの原子爆弾による被爆同様、原子力災害による被害の特

徴は、遺伝子の破断がもたらす、その不可逆性にある。原子力災害が根源から破壊するのは、住民が長い時間をかけてつくりあげてきた物質的・精神的な生命／生活基盤（絆）としての「サブシステンス」そのものであり、もとより加害者によるいかなる賠償をもってしても、完全な補償や原状回復は不可能である。中央権力が国策として決定し、その不可逆的リスクは周辺の民衆が被り、しかもその政治責任はいつの間にか忘却されるという、日本が近現代で生み出してきた「犠牲のシステム」の文脈から、3.11 を考え続ける必要がある。

　そしてまさにこの文脈において、ヒロシマ、ナガサキ、そしてフクシマ、あるいはまたここにミナマタやオキナワを加え、日本の近現代が生み出した〈影〉の系譜から再び 3.11 を捉え直すことが、フクシマを単独の経験として孤立させずにおくために必要であり、また現在の「文明論的危機」に直面した社会全体の将来を見通すためにも不可欠である。そして多くの学問分野、何よりも平和学にとっての真価が試される課題も、ここにあるだろう。

「安全保障」概念の脱構築

　日本の原子力発電所は、世界に比して住宅地に隣接したものが多く、過酷事故の際に、きわめて多くの被ばく者が生まれるリスクを内包しているが、この事故も例外ではなかった。加えて、一時は事故対応にあたる東京電力の撤退も検討されるほど事態は深刻化し、最終的には東京も含む関東全域が放射能汚染され、国家機能そのものが麻痺するという最悪のシナリオも考えられた。さらに、この事態を回避できたのも、単なる偶然にすぎなかった（NHK メルトダウン取材班, 2021）。その意味で、この事故は、戦後日本の国家安全保障を脅かした最大のできごとでもあった。

　2022 年に始まったウクライナ戦争では、欧州最大規模のザポリージャ原発がロシア軍の攻撃対象となったが、原子力発電所への軍事攻撃は、立地国におけるエネルギー供給の危機のみならず、大規模核攻撃と同様の破壊的脅威をもたらす可能性がある。その意味でも 3.11 は、原子力発電所の破壊が、それ自体すぐれて安全保障上の問題と直結するという事実を再び浮き彫りにした。

　またこの事故は、原子力災害時の住民避難においても多くの課題を残した。国際原子力機関（IAEA）は原子力発電所の安全性に関して深層防護の考えを

とり、その「第5層」に実効性のある避難計画の存在が位置づけられるが、日本においては、その運用は各地方自治体に委ねられており、未だ原子力規制委員会による新規制基準にも含まれていない。福島の事故においても、避難指示や情報共有などで多くの混乱が生じ、既存の地域防災計画の機能不全が露呈した。この事故は、大地震が多発する日本における原子力発電所の耐震基準が依然として楽観的なものであるという問題だけでなく（樋口, 2021）、事故の際に実際に機能する避難計画が未整備であるという問題も突きつけた[1]。

　国策としての原子力エネルギーは、何よりも「エネルギー安全保障（energy security）」の観点から正当化される。しかし3.11によって、稼働する原発を保有することが、実は国家安全保障それ自体の観点から根源的なリスクを抱えることになることが再確認されただけでなく、それは何よりも、「民衆にとっての安全保障（people's security）」や「社会保障（social security）」を犠牲にする可能性があることも確認された。3.11は、近代に打ち建てられた、「国家は、国民の生命や財産の安全を守るために存する」という社会契約上の「安全保障」をめぐる前提そのものが、現在ゆらぎつつあるという現実をも浮き彫りにしたのである。

「原子力型社会」からの脱却

　この事故で被災した双葉町に「原子力明るい未来のエネルギー」という標語が掲げられていたように、かつて原子力は地域にとって雇用や発展の象徴であった。しかし相馬市で自ら命を絶った酪農家が書き遺した「原発さえなければ」という言葉に示されるように、この事故は無数の住民の生きる希望を奪い去った。

　国会事故調査委員会によって、「原子力ムラ」や「規制の虜」といった原子力行政をめぐる権力の閉鎖性が指摘されたが、概して国策として推進される原子力事業（原子力の「平和」利用）は、歴史的には常に軍事的な核兵器開発の可能性を孕みつつ、政府による秘密主義や周辺部へのリスクの押しつけなど、原理的に中央集権的、非民主的な論理を内包している（ユンク, 2015）。この事故は、それまですでに経済的に疲弊していた地方を直撃したが、中央に押しつけられ、隠されていたリスクがさらに可視化される経験でもあった。また、

事故後日本政府による避難区域の設定に見られる混乱が、賠償の格差や区域内と区域外との差別を生み、避難者や住民同士の分断の原因ともなった。被災した市民の多くは、依然として本来は一体不可分の「生活」（暮らし）と「生命」（被ばくの回避）との二者択一（分断）を日々強いられたままである。

　本書のサブタイトルが、「『脱原子力型社会』へ向けて」となっているのは、このように3.11が私たちに投げかけている問いが、単に「脱原発」や「反核」へと向けられているのみならず、地域にあのような原子力災害や分断を生み出した中央集権型の国家構造や近代文明のあり方そのものにも鋭く向けられているからである（佐々木，2020）。3.11が提起した「危機」はまぎれもなく、現在人類が直面している、きわめて包括的な「文明論的危機」の一環をなしている。

　「シリーズ〈文明と平和学〉」の最初を飾る本書は、こういった包括的な危機に対峙するための平和学が、まずは「復興」や「開発」や「発展」といったかけ声の〈影〉に存在するものに目を向け、その不可視化された無数の受苦や「声なき声」をつなぎ合わせることからスタートしなければならないという方法論的立場を提起している。新しい世界の姿は、常に既存の世界の〈周辺〉から生起する。本書を手に取る読者が、各章から、未だ漠然とした形しかもたない、来るべき「脱原子力型社会」へ向けた多様な方途を見いだすきっかけを得ることができれば幸いである。

　本書が完成する上で、編集責任者を務め、執筆者を見事にまとめあげてくださった鴫原敦子会員、そして学会のさまざまな要求に応えてくださった明石書店の神野斉・岩井峰人両氏の多大なご尽力が不可欠であった。この場を借りて、心から感謝申し上げたい。

2023年10月

日本平和学会50周年企画「平和と文明」主任

佐々木　寛

注

1）これに関連し、世界最大規模の東京電力柏崎刈羽原子力発電所を有する新潟県は、2017年に「原子力災害時の避難方法に関する検証委員会」を独自に設置し、フクシマの経験を踏まえつつ、既存の避難計画における 456 の課題を抽出した（新潟県原子力災害時の避難方法に関する検証委員会，2022）。

参考文献

NHK メルトダウン取材班（2021）『福島第一原発事故の「真実」』講談社。

榊原崇仁（2021）『福島が沈黙した日——原発事故と甲状腺被ばく』集英社新書。

佐々木寛（2020）「〈文明〉転換への挑戦——エネルギー・デモクラシーの論理と実践」『世界』岩波書店、第 928 号：pp.120-129。

東京電力福島原子力発電所事故調査委員会（2012）「国会事故調」https://www.mhmjapan.com/content/files/00001736/naiic_honpen2_0.pdf（最終閲覧日：2023 年 10 月 20 日）

新潟県原子力災害時の避難方法に関する検証委員会（2022）「福島第一原子力発電所事故を踏まえた原子力災害時の安全な避難方法の検証」https://www.pref.niigata.lg.jp/uploaded/attachment/335132.pdf（最終閲覧日：2023 年 10 月 20 日）

樋口英明（2021）『私が原発を止めた理由』旬報社。

日野行介（2016）『原発棄民——フクシマ 5 年後の真実』毎日新聞出版。

ユンク、ロベルト（山口祐弘訳）（2015）『原子力帝国』日本経済評論社。

執筆者略歴

佐々木寛（ささき ひろし）［編者］

新潟国際情報大学国際学部教授。日本平和学会理事（第21期会長）。日本平和学会50周年企画「平和と文明」主任。専門は、国際政治学、現代政治理論。研究テーマは、世界の核（原子力）体制と民主主義との関係について。近著として、「平和研究の再定位──『文明』転換の学へ」日本平和学会編『平和学事典』（2023年）、「〈文明〉転換への挑戦──エネルギー・デモクラシーの論理と実践」『世界』（2020年）、訳書として、オリバー・リッチモンド『平和理論入門』（2023年）、ポール・ハースト『戦争と権力──国家，軍事紛争と国際システム』（2009年）など。

鳴原敦子（しぎはら あつこ）［編者］

東北大学大学院農学研究科国際開発学分野学術研究員。日本平和学会理事、第25期「3.11」プロジェクト委員長。専門は社会学、開発研究。研究テーマは「開発と環境問題」への平和学的アプローチからの研究。東日本大震災後は、宮城県での被害実態調査の他、市民科学的活動や記録集の作成などの市民的実践活動にも関わる。主な論文に「宮城県における農林業系放射性廃棄物処理の現状と課題」『農業経済研究報告』（2020年）、「『貧困』と『持続可能な開発』に関する一考察」日本国際文化学会編『インターカルチュラル2』（2004年）など。宮城県在住。

清水奈名子（しみず ななこ）

宇都宮大学国際学部教授。第25期日本平和学会副会長。専門は国際機構論。研究テーマは国連安全保障体制と文民の保護。東日本大震災後は、栃木県の住民や避難者が経験した東京電力福島第一原発事故による被害の調査を進めてきた。近著に、髙橋若菜編著・清水奈名子他著『奪われたくらし──原発被害の検証と共感共苦』（日本経済評論社、2022年）がある。栃木県在住。

藍原寛子（あいはら ひろこ）

ジャーナリスト。「3.11」プロジェクト委員。福島民友新聞社記者当時、福島原発で起きた事故や、シュラウド交換・MOX燃料装荷等の作業、茨城県JCO事故避難者の県内受け入れなど、原発取材を行う。東日本大震災後は、福島県内外への避難、被ばく防護や甲状腺がん問題、除染、測定など、市民・被災者の側からみた原発事故を取材している。『ビッグイ

シュー日本版』被災地から、『日経ビジネスオンライン』フクシマの視点、『ビデオニュースドットコム』福島報告など、連載企画・記事多数。福島市在住。

原口弥生（はらぐち やよい）

茨城大学人文社会科学部教授。専門は環境社会学。研究テーマは東日本大震災・福島原発事故後の広域避難と支援活動、原子力と地域社会、アメリカ環境正義運動など。広域避難者支援団体の実践活動にも関わる。主な業績に関礼子・原口弥生編『シリーズ環境社会学講座3 福島原発事故は人びとに何をもたらしたのか』（新泉社、2023年）、「環境正義運動は何を問いかけ、何を変えてきたのか」藤川賢・友澤悠季編『シリーズ環境社会学講座1 なぜ公害は続くのか——潜在・散在・長期化する被害』（新泉社、2023年）など。「3.11」プロジェクト委員。茨城県在住。

七沢　潔（ななさわ きよし）

ジャーナリスト、中央大学法学部客員教授。NHK ディレクターとしてチェルノブイリ、東海村、福島の原子力事故を取材してテレビ番組を制作、また放送文化研究所で原発報道、沖縄報道の研究などに従事。テレビ番組に『ネットワークでつくる放射能汚染地図〜福島原発事故から2ヶ月』（2011年）など、著書に『原発事故を問う——チェルノブイリから、もんじゅへ』（岩波新書、1996年）、『テレビと原発報道の60年』（彩流社、2016年）など。科学ジャーナリスト賞（2009年）、科学技術社会論学会特別賞（2018年）を受賞。（特別寄稿）

徳永恵美香（とくなが えみか）

大阪大学大学院人間科学研究科特任講師。大阪大学大学院国際公共政策研究科出身。専門は国際法。被災者の権利保障、国内避難民の保護、「国際災害法」の生成と発展などをテーマに研究。人権分野の一般財団法人勤務の他、オランダ・ライデン大学人文学部地域研究所や韓国・高麗大学校アジア問題研究所の客員研究員などを経て現職。「3.11」プロジェクト委員。

高橋博子（たかはし ひろこ）

奈良大学文学部史学科教授、日本学術会議連携会員、日本平和学会理事、「3.11」プロジェクト委員、明日学院大学国際研究所研究員、広島平和記念資料館資料調査研究会委員、第五福竜丸平和協会専門委員、日本パグウォッシュ会議運営委員。専門はアメリカ史・グローバルヒバクシャ研究。同志社大学大学院修了。博士（文化史学）明治学院大学国際平和研究所研究員、名古屋大学法学研究科研究員などをへて2020年4月から現職。主な著書に『新訂増補版　封印されたヒロシマ・ナガサキ』（凱風社、2012年）、『核の戦後史』（創元社、2016年、共著）、『歴史はなぜ必要なのか』（岩波書店、2022年、共著）他。

竹峰誠一郎（たけみね せいいちろう）

マーシャル諸島に通い続け、著書『マーシャル諸島——終わりなき核被害を生きる』（新泉社、2015 年）を上梓する。「グローバルヒバクシャ」の概念を提唱し、論文「核兵器禁止条約がもつ可能性を拓く——世界の核被害補償制度の掘り起こしと比較調査を踏まえて」『平和研究』58 巻（2022 年）を発表した。太平洋諸島に注目した地域研究を進め、近著に「オセアニアから見つめる「冷戦」——「核の海」太平洋に抗う人たち」『岩波講座　世界歴史第 22 巻——冷戦と脱植民地化 I』（岩波書店、2023 年）がある。明星大学人文学部人間社会学科教員。博士（学術）。日本平和学会理事、「3.11」プロジェクト委員。

蓮井誠一郎（はすい せいいちろう）

茨城大学人文社会科学部教授。第 21-24 期「3.11」プロジェクト委員長。専門は国際政治学、平和学。研究テーマは環境問題と安全保障の関係性。震災後は市民科学の実践活動や市民放射線測定活動の支援などを行ってきた。関連する主な論文に「『3・11』プロジェクトの歩みと低認知被災地での活動展開の意義試論」（日本平和学会報告ペーパー、2019 年）、「3.11 後の広域放射能汚染に関する茨城県内自治体の対応——市町村アンケート調査結果より」『人文社会科学論集』（2022 年、共著）など。茨城県在住。

石原明子（いしはら あきこ）

熊本大学大学院人文社会科学研究部・准教授。専門は、紛争変容・平和構築学、特に修復的正義。日本平和学会理事、「3.11」プロジェクト委員。研究テーマは、分断されたコミュニティや傷ついたコミュニティの再生で、水俣、福島、大川（石巻市）などをフィールドに、類似の課題を持つ地域同士の交流実践研究を行っている。主な論文に「加害者とは誰か——水俣や福島をめぐる加害構造論試論」『現代思想』（2022 年 7 月号）など。東北アジア平和構築インスティチュート運営委員。水俣市在住。

平井　朗（ひらい あきら）

認定 NPO 法人ノーモア・ヒバクシャ記憶遺産を継承する会事務局。日本平和学会理事。「3.11」プロジェクト委員。専門は平和学、脱開発コミュニケーション。「開発コミュニケーション」を平和学アプローチにより批判的に研究。フィリピン・ネグロス島農業労働者の演劇活動の参与観察研究。3.11 以降、福島県を中心とする原発被災地住民自身による放射線測定、被爆防護、情報発信活動へのエクスポージャーを行う。主な論文に「原発とコミュニケーション——福島と水俣をつなぐ平和学の視点から」関礼子編『"生きる"時間のパラダイム——被災現地から描く原発事故後の世界』（日本評論社、2015 年）など。東京都在住。

鈴木真奈美（すずき まなみ）

明星大学兼任講師、NPO法人新外交イニシアティブ上級研究員。原水爆禁止日本国民会議国際部、国際環境NGOグリーンピース気候／エネルギー担当、明治大学大学院助手などを経て現職。世界の核エネルギー利用とその被害を調査・研究してきた。近年は台湾のエネルギー政策を市民社会の視点から考察。主な著書に『プルトニウム＝不良債権』（三一書房、1993年）、『核大国化する日本——平和利用と核武装論』（平凡社、2006年）、『日本はなぜ原発を輸出するのか』（平凡社、2014年）、共著書に『脱原発の比較政治学』（法政大学出版局、2014年）、『原発の教科書』（新曜社、2017年）、訳書に『核の軛——英国はなぜ核燃料再処理から逃れられなかったのか』（七つ森書館、2006年）、共訳書に『放射線の人体への影響』（文光堂、2012年）など。「3.11」プロジェクト委員。

日本平和学会

1973年の設立から2023年9月で50周年を迎えた。国家間紛争はもとより、軍事主義、不均衡な社会構造、貧困、環境・人権への脅威、差別など人間の安全を脅かす諸要因の除去に向けた学際的な研究を積み重ね、変わりゆく現実にも対応しながら、長期的な平和の条件と方法を追求していくための学術活動を持続的に展開している。

シリーズ〈文明と平和学〉①

3.11からの平和学 ―― 「脱原子力型社会」へ向けて

2023年12月10日　　初版第1刷発行

編　著	日 本 平 和 学 会
発行者	大 江 道 雅
発行所	株式会社 明石書店

〒101-0021 東京都千代田区外神田6-9-5
電　話　03（5818）1171
FAX　03（5818）1174
振　替　00100-7-24505
https://www.akashi.co.jp

装　丁	明石書店デザイン室
印刷・製本	モリモト印刷株式会社

（定価はカバーに表示してあります）　　　ISBN978-4-7503-5677-8

黙殺された被曝者の声

アメリカ・ハンフォード 正義を求めて闘った原告たち

トリシャ・T・プリティキン 著
宮本ゆき 訳

■四六判／上製／404頁 ◎4500円

1940年代からアメリカ国内で度重なる核実験が行われ、核施設の風下住民は慢性的に放射性物質に曝され続けていたが、40年以上この公害は調査されず、政府に巧みに隠蔽いされてきた。本書は核被害で障害や重病に苦しむ無辜の人々の悲しみと怒りの記録である。

放射線被ばくの全体像

人類は核と共存できない

原爆・核産業・原発における被害を検証する

落合栄一郎 著

■A5判／上製／384頁 ◎5000円

カナダの大学で長年教鞭を執ってきた化学者が、全世界におけるこれまでの原爆投下、核実験、核産業、原発などで発生した放射線被ばくの事例を詳細に検証した、決定版といえる一冊。放射線が生命に与える悪影響・健康障害に対して科学がどう向き合うかを問う。

〈価格は本体価格です〉

核時代の神話と虚像

原子力の平和利用と軍事利用をめぐる戦後史

木村朗、高橋博子　編著

四六判／368頁　◎2800円

広島・長崎へ原爆が投下されてから70年。その後も第五福竜丸事故、3・11福島第一原発事故、そして劣化ウラン兵器などにより、国内外で被ばくする者は増加を続けている。戦後の核問題について深い洞察を続けてきた第一人者らが、核の平和利用と軍事利用の密接な結節点を指摘し、核をめぐる欺瞞を撃つ。

人間なき復興

原発避難と国民の「不理解」をめぐって

山下祐介、市村高志、佐藤彰彦　著

四六判／並製／336頁　◎2200円

あの日からまもなく3年。今も10万人以上が避難生活を続けている。「新しい安全神話」を前提とした帰還政策、人を「数」に還元した復興が進む一方、避難者は国民の「不理解」がもたらす分断に直面し続けている。経済ゲームを超え、真の復興を見出すために。

〈価格は本体価格です〉

福島原発事故被災者
苦難と希望の人類学
分断と対立を乗り越えるために

辻内琢也、トム・ギル 編著

■A5判／上製／424頁 ◎4500円

事故から11年。人間が引き起こした災害は戦後最大の「国内避難民」を生み、人々の生活に深い分断と苦悩をもたらし続けている。圧倒的暴力を前に我々は希望を見出すことができるのか。国内外の人類学者らが当事者とともに、隠蔽された社会構造を読み解く。

● 内容構成 ●

3・11の政治理論
原発避難者支援と汚染廃棄物処理をめぐって

松尾隆佑 著

■A5判／上製／288頁 ◎4500円

東日本大震災の復興政策は適切だったのか。原発事故に伴う避難者支援と汚染廃棄物処理という問題を対象に、理論と実証を架橋しながら政治学の観点から政府の政策を分析し、あるべき復興の方向性を提示する。

● 内容構成 ●

〈価格は本体価格です〉

シリーズ
〈文明と平和学〉

日本平和学会 [編]
【A5判／並製】

設立50周年を迎えた日本平和学会が
総力をあげて〈文明と平和学〉の
課題に取り組むシリーズ

① 3.11からの平和学
──「脱原子力型社会」へ向けて　　◎2,600円

シリーズ第1巻は、東京電力福島原発事故によって顕在化した近代文明
社会の構造的矛盾を根源的にとらえ直す。人間と自然、科学技術と戦争、
中心と周辺といった問題を問い、望ましい社会の実現へ向けた歩みを
作り出していくための知的探求を試みる一冊。

〈続刊、タイトルは仮題〉

② 人新世の平和学
──未来に向けた新たな挑戦

現代社会では、なぜ感染症や気候変動など人類の生存を脅かす複合
危機が立ち現れているのだろうか? 多彩な分野から近代社会システムを
文明論的に問い直す一冊。